少年趣味科学丛书

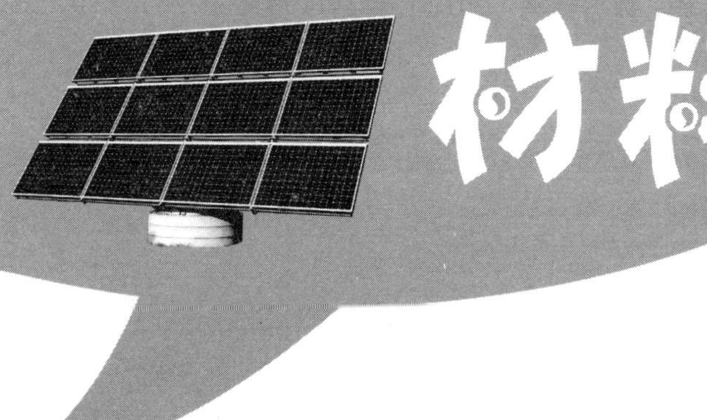

广西科学技术出版社

图书在版编目（CIP）数据

奇妙的材料 / 徐永康著. — 南宁：广西科学技术出版社，2012.6（2020.6 重印）
（少年趣味科学丛书）
ISBN 978-7-80619-758-5

Ⅰ. ①奇… Ⅱ. ①徐… Ⅲ. ①材料科学—少年读物 Ⅳ. ① TB3-49

中国版本图书馆 CIP 数据核字（2012）第 141799 号

少年趣味科学丛书
奇妙的材料
徐永康　著

责任编辑　赖铭洪　　**封面设计**　叁壹明道
责任校对　陈业槐　　**责任印制**　韦文印

出 版 人　卢培钊
出版发行　广西科学技术出版社
（南宁市东葛路 66 号　邮政编码 530023）
印　　刷　永清县晔盛亚胶印有限公司
（永清县工业区大良村西部　邮政编码 065600）
开　　本　700mm × 950mm　1/16
印　　张　9
字　　数　116 千字
版　　次　2012 年 6 月第 1 版
印　　次　2020 年 6 月第 4 次印刷
书　　号　ISBN 978-7-80619-758-5
定　　价　18.00 元

代序　致21世纪的主人

钱三强

时代的航船已进入21世纪，这个时期，对我们中华民族的前途命运来说，是个关键的历史时期。现在10岁左右的少年儿童，到那时就是驾驭航船的主人，他们肩负着特殊的历史使命。为此，我们现在的成年人都应多为他们着想，为把他们造就成21世纪的优秀人才多尽一份心，多出一份力。人才成长，除了主观因素外，在客观上也需要各种物质的和精神的条件，其中，能否源源不断地为他们提供优质图书，对于少年儿童，在某种意义上说，是一个关键性条件。经验告诉人们，往往一本好书可以造就一个人，而一本坏书则可以毁掉一个人。我几乎天天盼着出版界利用社会主义的出版阵地，为我们21世纪的主人多出好书。广西科学技术出版社在这方面作出了令人欣喜的贡献。他们特邀我国科普创作界的一批著名科普作家，编辑出版了大型系列化自然科学普及读物——《少年科学文库》（以下简称《文库》）。《文库》分“科学知识”、“科技发展史”和“科学文艺”三大类，约计100种。现在科普读物已有不少，而《文库》这批读物特有魅力，主要表现在观点新、题材新、角度新、手法新，内容丰富、覆盖面广、插图精美、形式活泼、语言流畅、通俗易懂，富于科学性、可读性、趣味性。因此说它是开启科技知识宝库的钥匙，缔造21世纪人才的摇篮，并不夸张。《文库》将成为中国少年朋友增长知识、发展智慧、促进成才的亲密朋友。

亲爱的少年朋友们，当你们走上工作岗位的时候，呈现在你们面前的将是一个繁花似锦、具有高度文明的时代，也是科学技术高度发达的崭新时代。现代科学技术发展速度之快、规模之大、对人类社会的生产和生活产生影响之深，都是过去无法比拟的。我们的少年朋友，要想胜任驾驶时代的航船，就必须从现在起努力学习科学，增长知识，扩大眼界，认识社会和自然发展的客观规律，为建设有中国特色的社会主义而艰苦奋斗。

我真诚地相信，在这方面，《文库》将会对你们提供十分有益的帮助，同时我衷心地希望，你们一定要为当好21世纪的主人，知难而进、锲而不舍，从书本、从实践中汲取现代科学知识的营养，使自己的视野更开阔、思想更活跃、思路更敏捷、更加聪明能干，将来成长为杰出的人才和科学巨匠，为中华民族的科学技术实现划时代的崛起，为中国迈入世界科技先进强国之林而奋斗。

亲爱的少年朋友，祝愿你们奔向21世纪的航程充满闪光的成功之标。

1991年11月于北京

这本书告诉我们什么

俗话说："巧媳妇难做无米之炊。"同样，材料对于人类也必不可少。我们可以毫不夸张地说，材料是科学技术和社会发展的物质基础，材料科学的发展不仅关系到人类的昨天和今天，而且还将直接关系到人类的明天。

《奇妙的材料》通过一个个饶有趣味的故事，引出一种又一种奇妙的材料：一种比纸还轻的金属；一种会自动分解的塑料；一种打不破的陶瓷；一种像钢一样结实的安全玻璃；一种小巧玲珑的纳米材料……

在21世纪即将到来之际，人类将进一步扩大自己的活动范围，从地上到空间，从地球到宇宙，从地上往地下或深海……有些活动环境的条件十分险恶，这就需要有一大批能经受各种考验的新材料。

亲爱的少年朋友，你们是21世纪的主人，是未来科学技术的创造者和掌握者，因此，懂得一点材料科学是十分必要的。我们相信，在你们中间，一定会出现许许多多杰出的材料科学家。

徐永康

目　录

第一章 金属趣闻与金属新秀

随着人类社会的发展，金属作为传统材料，它的利用规模还在不断地扩大。在“金属家族”中，有老当益壮的老牌明星，也有崭露头角的新秀。目前，它们已成为现代技术不可缺少的材料之一。有关金属的文字很多很多，本章将主要介绍一些金属趣闻与金属新秀。

一、比纸还轻的锂

在金属家族中，与其他成员相比，金属锂出世较晚。到 1997 年，金属锂才 180 岁。因此，人们对它还不太熟悉。

充当“福尔摩斯”

大家可能对英国作家柯南道尔所著的侦探小说《福尔摩斯探案》中的主人公——福尔摩斯并不陌生吧！

饶有趣味的是，就是这么一个名不见经传的金属锂，还有一段充当“福尔摩斯”的轶闻呢！

1891 年，美国加尔瓦尔茨大学的应届毕业生伍德（后来成为著名的物理学家）到华盛顿附近的巴尔摩市进修化学。当时，他常听说学

生食堂的厨师有舞弊行为：将隔夜餐盘中的剩肉作为第二天早餐的烤肉。但是，由于大家对此缺乏确凿的证据，所以只好忍气吞声。

伍德搞清楚是怎么一回事以后，于是，他故意在头天剩下的煎牛排餐盘中，偷偷地撒上一些氯化锂——这是一种色泽和味觉类似于普通食盐（氯化钠）的无害物质。第二天早上，当烤肉端上来后，伍德就将自己的一份拿回到实验室进行检测。烤肉在分光镜下发出了红色的谱线——这正是氯化锂的光谱颜色。证据找到了，就这样，撒在煎牛排上的氯化锂使贪污的食堂厨师的罪恶终于败露。是锂侦破了长期以来食堂厨师的欺骗行为，使学生们无不拍手称快。多年以后，伍德还对自己当年略施小计使案情大白的侠义之举津津乐道。

那么，金属锂为什么能充当“福尔摩斯”呢？原来，由于锂化合物具有非凡的吸附能力，尽管食堂厨师第二天早上将煎牛排烧成了烤肉，但是，氯化锂还是照样存在。

锂是怎么发现的

锂曾经被看成是世界上一种极稀少的元素。科学家们首先在烟灰中发现了锂，此后又在大西洋的咸水里、透明如镜的泉水中、茶叶里、葡萄里、人的血液里，以及动物的肌肉、肝脏和肺里找到了锂，后来，人们在来自太空的不速之客——陨石里也找到了锂。地壳中锂的平均含量为万分之二。在现代生活的许多用品中，如电视机、洗衣机、冰箱、衣服干燥器以及住宅冷暖空调等家用电器中都留有锂的足迹。

科学家是怎么发现锂的呢?

为了回答这个问题，让我们将时光隧道转回到1817年。一天，瑞典化学家阿尔费德松正在分析从斯德哥尔摩附近的矿场里采到的一块锂长石。他一遍又一遍地进行检查分析，结果每次都发现：各种混合物的总和一直只占整块矿石的96%，显而易见，那余下的4%应该是当时尚属未知的元素。于是，阿尔费德松兴奋地继续进行反复分析、试验，后来，终于发现了一种新的金属。为了区别最初从有机物中发现的钾和钠，他决定将这种新发现的金属命名为锂。“锂”这个词在希腊语中是“石头”的意思。

之后不久，阿尔费德松在其他矿石中也找到了锂元素。而瑞典著名化学家贝采利乌斯在矿泉水中也发现了锂。

1818年，英国科学家戴维首次成功地从氢氧化锂中电解出纯锂。

活泼非凡的性格

人们通常认为，金属都是坚硬的、沉甸甸的，既不怕水，也不怕火。可是，银白色的金属锂却完全不像人们所想象的那样。金属锂是那样的软，以致用一把普通的小刀，就可以像切湿泥团那样，轻而易举地将它切成小块。金属锂还轻得惊人，在所有金属元素中，数它最轻了。它的比重，只有水的二分之一，铝的五分之一。金属锂可以浮在水面上，它不但比塑料、木材、竹材都轻，甚至比纸还轻。如果将它放在石油上，还会浮在油面上呢。

不过，最使人们惊讶的是金属锂的活泼非凡的性格。大家知道，普通常见的金属都很难燃烧，可是，金属锂却能在空气中燃起熊熊大火。一块铁或者铜丢进水里，短时间内什么事情都不会发生。然而，如果将一块金属锂投入水中，可热闹啦：锂和水作用得那样的猛烈——浮在水面上的锂块，就像失去操纵的摩托艇那样，急速地在水面上窜来窜去。如果锂块较大，而水比较少的话，水面上就会燃起火光，接着传来一阵骇人的爆炸声哩！

水到处都有，就是地下深处也有水。因此，在自然界中，锂是无法单独存在的，它总是和各式各样的“朋友”结合在一起。

金属锂这种活泼非凡的性格，使得它完全不能像普通金属那样用来制造各种器件。所以，在锂被发现以后的许多岁月中，人们一直没有找到可以给它派用场之处。

医疗和制药业方面的“才干”

最近二三十年来，人们终于发现了它的用途。至于在当今技术领域中，作为 180 岁的“老翁”，金属锂才刚刚崭露头角，有人戏称：180 岁正是它大展宏图的年华。

关于锂的用途，人们首先在医疗和制药业方面发现了它的“才干”。碳酸锂、溴化锂、碘化锂等可用作预防风湿性关节炎的药物。柠檬酸锂、酒石酸锂等是防止某些盐类在脏器中沉积的有效药物，同时也可用于医治急性关节炎和慢性关节炎等。磷酸锂、环烷酸锂、尿酸锂及奎尼酸锂，则可用于配制治疗肾结石、尿道结石及肿瘤镇静剂等药物。醋酸锂可作为利尿剂，硼酸锂可用于牙科粘固粉。游泳池采用次氯酸锂作为消毒剂后，可有效地预防眼病的传染。碳酸锂对抑郁性精神病、狂躁抑郁性精神病、急性狂躁病等均有很好的疗效。

专家们预言，锂化合物对治疗神经紊乱症颇有前途。需要提请注意的是，大剂量的锂对人体是有害的，可出现全身乏力，精神不振，食欲减退，肠胃功能失调，体重下降，痉挛甚至死亡。

为航空航天作贡献

医药部门只不过是锂“活动”的一个“小天地”。利用锂很容易与氧、氮、硫等物质化合的特性，冶炼铜时稍微加点锂，就可以把躲在铜中的某些有害物质清除干净。如果把锂与铝、铍等金属熔合在一起，就可以制成又硬又轻的新颖合金，它是制造飞机的好材料。

如果将锂加进陶瓷材料里，再涂到钢材表面，就成为一层坚固的防护外衣，钢材的耐热性就能大大提高，甚至可以用来制作承受高温和高压的喷气发动机的燃烧室。

大家知道，润滑油是使飞机各零部件正常工作必不可少的重要材料。但是，在极其寒冷的气候条件下，润滑油就会凝固起来；而在热带地区，它又会化成气体挥发掉。所以，在北极（或南极）和热带地区飞行的飞机（或行驶的汽车），就需要有一种性能特别优良的润滑油。如果把锂加入润滑油中，那么，这种润滑油就不怕严寒酷暑。它既不会凝固，也不会挥发。例如，含有锂的润滑油能使南极工作的越野车深入零下 80 摄氏度极寒的腹地；前苏联的南极考察车只要在投入工作前给各零部件加一次含锂的润滑油，即可保证车辆顺利地行驶好几年。

锂有各种各样的化合物。有一种化合物能够吸收人体排出的二氧化碳，使空气变得清新。因此，在一些密闭的飞行设备中，例如宇宙飞船（或潜水艇）的密封舱里，都可用锂化合物作为空气的清净剂。

尖端技术显身手

其实，上面所介绍的锂的才能还只是它的一些雕虫小技，在核能工业中，锂正以第一提琴手的角色大显身手。根据测算，1000 克锂实现热核反应放出的热量，相当于燃烧两万吨标准煤，比 1000 克铀一235 裂变产生的能量还要大 8 倍。与铀反应堆相比，锂反应堆既廉价又容易操纵，在反应堆中不会形成辐射性的废物。

自 20 世纪 80 年代中期开始，锂在火箭技术领域日益受到重用。由于火箭发动机的总功率通常需要达到几千万马力，因此，选择火箭燃料成了一个关键性的课题。根据美国公布的资料显示，在固体火箭燃料中，含有 51%～68%的金属锂。

此外，锂还是制造高能电池的重要原料。国外有一种硬币形的锂电池，直径仅23毫米，厚2.5毫米，大小与我国5分硬币相仿，很适合微型电子仪器使用。据说，这种锂电池用于耗电量低的液晶显示的台式电子计算机，可连续使用5～10年而不必更换。

二、甜津津的铍

祖母绿和绿宝石是两种美丽而又极其名贵的宝石。矿产工作者告诉我们，绿宝石是众多铍矿石中的一种。在这里，在我们向大家介绍金属铍之前，先给大家讲一些有关“绿宝石的轶闻”。

绿宝石的故事

2000多年以前，努比亚大沙漠曾经是埃及著名的绿宝石产地。在那里，无数的奴隶为开采神奇的绿宝石当牛作马。当时，成群结队的骆驼将获得的珍宝驮至红海岸边，再辗转运到欧洲、近东、远东以及世界各地，供各国统治者欣赏、享用。那些灿烂、晶莹、玲珑的墨绿色宝石，使各国君王、大臣们如醉如痴。一位罗马史学家曾经赞叹道：“与绿宝石相比，任何最绿的东西都不成其为绿色了。真是无与伦比……”据史料记载：“残忍而妄自尊大的罗马皇帝涅龙有一个嗜好——喜欢透过经过精心磨制的特大绿宝石来观看角斗士的拼死搏斗。甚至当罗马城失火时，涅龙仍悠然自得地透过他那一块独特的绿宝石欣赏着火灾的场面：熊熊大火在绿色寰宇里跳跃、飞舞。”

随着美洲大陆的发现，绿宝石的历史揭开了新的一页。在墨西哥、秘鲁和哥伦比亚的墓穴和庙宇里，西班牙人发现了许许多多大块的墨绿色宝石。仅仅几年时间，就被人们洗劫一空。不过，人们还是一直没有找到绿宝石的产地。直到16世纪中期，美洲的掠夺者才发现并潜

入哥伦比亚的绿宝石矿产地。从此，作为稀世珍宝的绿宝石独霸了首饰市场。只是在那时，绿宝石仅仅轰动于首饰业，人们未曾想到它将成为未来的金属。

甜津津的金属

1798 年，法国化学家沃克兰第一个发现，在绿宝石中含有一种新元素。对此，许多人都感到惊奇不已。由于这一新元素的某些“性格”与铝很相像，而在绿宝石中又真的含有铝，这就使有些粗心的化学家把这一种新元素多次错漏了。其实，沃克兰本人早先也曾经分析过绿宝石，当时他也把它当作铝而让新元素轻轻地溜走了。

科学家告诉我们，多数金属与酸作用生成的盐类，如氯化钠、硫酸钠、氯化钾、硫酸钾等都是咸的；镁盐往往是苦的；铜盐则带有涩味。可是，对这个新元素的许多盐类尝过以后，发现它们几乎都是甜津津的。据此，沃克兰提议将这一新元素称作“鋊”——在希腊语中也就是“甜金属”的意思。但是，许多科学家却认为不妥。这是因为，带甜味的金属盐类并非只有这一种新元素，如钇盐也是带甜味的。根据德国和瑞典化学家的建议，将新元素改称为“铍”。这就是甜津津的铍的由来。

金属铍的妙用

钢灰色的铍，具有许多有趣的特性。例如，声音在铍中的传播速度，大得有点异乎寻常，竟达到每秒 12.5 千米，这比声音在空气中的传播速度每秒 0.33 千米，大了 37 倍，比其他金属也要快好几倍。铍的这一特长，已引起音乐家们的兴趣，有关设计师准备用铍制造乐器。X 射线技术专家也对铍很感兴趣，因为 X 射线对铍的穿透力要明显高于另一些金属。现在，各国都用铍制成的 X 光管的透视窗为病人进行诊断。这种透视窗的工作能力要比以前用铝透视孔高 20 倍以上。

铍是许多重要合金的参与者。例如，用铍、镍、铜制成的合金，在制造不产生火花的工具方面，贡献很大。少年朋友们大都知道，普通的金属工具，在撞击或摩擦时，时常会发生一些微小的火星。在存放易燃、易爆物品的仓库，制造爆炸物的工厂，某些化工厂或矿井中，这些微小的火星，往往足以造成一场杀身之祸。而在铜中加入 2.25％的铍和 1.1％～1.3％的镍制成的工具，使用时就不会发生火花，相当安全。

铍在制造弹性钢方面，功劳也不小。只要加入 1％的铍，就能使弹性钢制品的强度和持久性大大增加。用铍合金制成的弹簧，即使烧到红热，也不会失去弹性。

疲劳是很多金属和合金的“职业病”之一，使它们经不住变幻不定的负荷而慢慢断裂。要是在钢中添加一些铍，就可以将疲劳这一“病魔”驱赶得无影无踪。经测试表明，利用普通碳钢制成的汽车底盘

的弹簧，在经受 800～850 次撞击后就会折断，而铍钢底盘弹簧在经受 1000 万次推撞后也不会出现裂纹。

在高新技术方面，铍也有许多妙用。例如，利用铍出色的导热性、很高的热容量和高温坚固性，可使铍及其化合物在宇航技术中能够充当隔热层。美国宇宙飞船“水星”号隔热舱壁就采用了铍材料。由于利用铍制成的零部件可保持极高的精确度和稳定性，所以，可用于制造火箭、宇宙飞船和人造地球卫星定位中的仪器。铍还有一个特长：当它燃烧时，可释放出大量的热能，在这一方面，没有一种金属能与之匹敌。因此，铍是飞往月亮或更远星球的高能火箭的最理想燃料。

作为最轻量级金属之一的铍，它的强度却超过钢。正因为如此，铍已成为当代最基本的航空材料之一，用铍制造的飞机零件要比铝还轻得多。

铍和铜的合金——铍青铜也被广泛用于航空业。用铍青铜制成的

零部件相当坚固，能在相当大的温差范围内保持弹性，且导电和导热性能良好。因此，在现代的大型飞机中，铍青铜零件用得很多。

在核能工业中，铍又是必不可少的元素之一。由于其中涉及不少专有名词，我们在这里就不详细介绍了。

三、金属“维生素”——钒

钒是一种相当漂亮的银灰色金属，很容易磨光和擦亮，具有很高的抗张强度和可塑性，可以进行锻制和压延等加工工艺。钒不但能制成片，拉成丝，甚至还能打成箔。

福特慧眼识宝

创建于1903年的美国福特汽车公司是世界汽车业历史最悠久的公司之一。在当今世界上，美国的福特汽车遍布全球。说来可能有人不信，美国福特汽车的创始人亨利·福特曾经不无感慨地说："如果没有

钒，便没有我的汽车。"此话怎讲？

那是在20世纪初的事。1905年，福特出席了一次大型汽车比赛。不幸的是，比赛过程中发生了车祸。几分钟以后，福特赶到了出事地点，对两辆相撞的汽车进行了细致的勘察。离开以前，他拣了一个零部件的碎片——那是一辆法国汽车的阀杆残骸。福特对此进行研究后发现，这种阀杆的外形并无特别之处，只是它的尺寸比一般的要小一些。于是，福特决定带回去检测一下。研究结果表明，这种钢材的强

度非同一般，而且十分坚硬。进一步的化学分析表明，材料中含有钒的成分。

经过研究和探索，使福特顿生灵感：要是将钒钢用于汽车工业，不但可以使汽车变得轻巧，而且还节约钢材，汽车的售价也能大大降低。说干就干，福特立即将自己的设想付诸于实践。

在克服了许多困难以后，终于使福特汽车的面貌焕然一新。由于美国汽车钢材的性能指标明显优于法国汽车钢材，因此，随之而来的是：美国福特汽车替代了法国汽车业在世界上的霸主地位。

四海为家

人们最早只是在墨西哥和斯堪的纳维亚找到钒，其实，它的踪迹几乎遍布全世界。因此，金属钒有“四海为家”之说。

由于钒具有几种不同的原子价，能够生成性格活泼的阴离子，进而与其他阳离子组成很多种化合物，所以，钒存在于许多岩石和矿石中，甚至在海水和海洋生物的体内，也可以找到它。钒的母矿已经知道的就不下七八十种，不过，具有工业价值的只有绿硫钒矿、钒云母、钒钾铀矿、钒钙铀矿和钒铅矿等几种。此外，在磁铁矿和钛磁铁矿中，也经常能遇见钒；在多种沥青矿物和煤灰中，也都可以找到它。从落到地球上的陨石中以及太阳的光谱线中，也都发现有钒的存在。海胆、海鞘、海参等海洋动物，还能从海水中摄取钒而积聚于体内。

根据很多地球化学家的测算，在地壳中，钒的重量百分比为0.015%，比铜、铅和锌都多，只是没有形成集中的单独矿床罢了。

金属“维生素”

青少年朋友可能都知道，人和动物如果长期缺乏某种维生素，就会引起生理机能障碍而发生某种疾病。可见，维生素的作用非同小可。研究表明，为了使金属具有良好的性能，也必须添加某种“维生素”。

现已获悉，钒作为金属“维生素”，当之无愧。

钒曾经有几十年没有得到工业界的赏识。然而，随着材料科学的发展，当人们发现钒具有金属“维生素”的作用以后，就使钒成为了现代工业技术中的生力军之一。

首先，在黑色冶金工业中，在炼钢时，只要加百分之几的钒，就可使钢的韧性、弹性和强度大大提高，使钢的组织颗粒变得细腻。经测试表明，这种钢材不怕撞击和弯折，抗磨损和抗爆裂性能极好，而所有这些，正是作为汽车零件所必须具备的优点，也是为什么一些汽车上的关键部件，例如发动机、阀的弹簧、板簧、轴、销和齿轮均须

用钒钢制作的道理。难怪当初亨利·福特捡到钒钢阀杆残片后如获至宝。

在铸造生铁时，加入 0.1％～0.35％的钒，制成的汽缸、活塞环、机车活门以及模子等铸件，不但其抗张、抗压和抗弯强度大大提高，

而且可使它们的使用寿命延长一倍左右。

普通碳素钢加入不到1%的钒以后，弹性限度和极限强度可大大增加，而且即使在低温条件下，也能保持良好的抗冲强度，非常适合于制造船舶、车辆、飞机、钢轨以及在低温条件下应用的各种结构材料。

如果说，钢是虎，那么钒就是翼，钢得钒犹如猛虎添翼。经研究和使用表明，只需在钢中添加少量的钒和几万分之一的氮，就能大大提高合金的抗冻性。利用这种材料制造的管道、汽车、井架，能在严寒的北极地区出色地坚持工作，甚至在零下60摄氏度的奇寒中仍然岿然不动。要是没有加金属“维生素”——钒，任何一种钢材在地球的北极地区都会变得像玻璃一样脆弱。

由于钒的盐类会呈现五彩缤纷的颜色，因此，它在颜料工业、玻璃和陶瓷工业中大有用武之地。例如，制造玻璃如果有钒帮忙，就可以制成绿色、浅蓝色以及能吸收紫外线的各种特殊玻璃，使它们备受人们的青睐。

四、会得“瘟疫”的金属——锡

锡是人类最早发现的金属元素之一，它和铜一起，曾在人类文明史上留下了光辉的一页。锡是一种银白色的软金属，用小刀就可以切开。它的熔点较低，只有232℃，沸点高达2270℃。锡具有一个致命的弱点，就是挨不起冻。

奇怪的“瘟疫”

有些青少年朋友也许不信，锡和人以及动物一样，也会得“瘟疫”呢。过去，由于人们缺乏这方面的知识，曾经造成了不少悲剧。

1912年，有一支英国探险队前往南极。正当飞机在严寒的高空中飞行时，用锡焊制的油箱突然裂开，汽油全部漏光，飞机坠落失事，机毁人亡，机上人员无一幸免。

1916 年，一批从俄国海参崴运到彼得格勒（后来改称为列宁格勒）的锡，由于沿途气温很低，车箱内又没有防冻取暖装置，当到达彼得格勒时，锡锭已变成一堆灰色粉末。

20 世纪初，在俄国彼得堡（彼得格勒的旧称）又出了一件新闻：军用仓库里整箱整箱士兵制服上的锡纽扣全都不见了，而箱子里则满是灰色粉末。当时仓库里冷如冰窖。制服上失去纽扣一事使负责看守的军需官急出了一身冷汗，因为他将作为偷盗嫌疑犯而被流放到西伯利亚去做苦工。幸好有一位化学家站出来为军需官开脱罪责："箱子里的粉末是锡末。那是因为锡疫作祟的结果，是在一定气温条件下发生的自然现象。"

更为有趣的是，1851 年，德国一位风琴演奏家在雪地里准备为观众表演节目的时候，由于风琴管是由锡制成的，还没有开始演出，风琴管已化成灰飞了。观众大失所望，风琴演奏家也摸不着头脑。

出现上述现象的原因是什么？这就得了解和研究锡的特性。人们经过实验，发现锡越纯，越容易得"瘟疫"。当白锡中含有千分之一的铋或锑时，白锡转变为灰锡的速度可减慢到$\frac{1}{25}\sim\frac{1}{100}$，当含铋或锑达到千分之五时，便可阻止"锡疫"的发生。在通常情况下，锡制品都含有少量的铋和锑，以预防"锡疫"。

炼锡业简史

人类与锡的相识，可以追溯到很久很久以前。

最初，锡与铜联姻共同为人类效力，这就是在古代为人类作出贡献的青铜。青铜工具比利用纯铜制成的工具要坚硬和牢固。在拉丁文中，"锡"与"坚固"是同一个词。不过，纯净的锡却是一种软金属

（就像我们在本文开头所介绍的那样），性质与“锡”（坚固）的本义相反。

要精确地考证人类社会是从什么时候开始利用纯锡的，看来并非易事。

在一座属于公元前 10 世纪中期的埃及古墓中，人们发现了用锡做的杯和瓶。也许那是最早期的锡制品了。而据古希腊的历史文献记载，最早的铁器防锈镀锡大约是在公元前 5 世纪。

20 世纪中期，在英国发掘出了一个公元前 3 世纪的古堡。考古专家发现，在遗迹中有一个炉坑，里面有含锡的炉渣。这说明，早在距今 2000 多年前，在那儿就已经有了炼锡业。

锡的个性与特长

锡的化学性质相当稳定，在常温下不易被氧化，因而可保持银光闪闪的光泽。锡在 100℃时，延展性非常好，可以打成极薄的锡箔。人们利用锡箔包装香烟、糖果，以防受潮。把锡镀在铁皮外面，可以防止铁皮的锈蚀。人们所熟悉的“马口铁”，已广泛应用于罐头工业。此外，锡还用于机器制造工业用的青铜合金等。目前，含有钛、钴、镓、铝、铌等元素的特种锡合金是核能工业、超导材料、航天制造业等尖端部门的重要原材料。

锡的很多化合物在技术界得到了广泛的应用。例如，它的化合物可以作为棉花和丝织物的染色剂、瓷器和玻璃的蚀刻剂（使它们带有红色），同时还可以作为金黄色的颜料或烟幕弹的原料。锡的有机化合物可防止木材腐烂，杀灭害虫。在锡的化合物中，最杰出的要数亚锡酸盐。如亚锡酸铌在 18K（即－255℃）时就变成了超导体。

锡的应用前景

锡矿石不仅存在于陆地上，而且还藏匿于水底。调查表明，在日本海海湾、北冰洋北区的迈金海湾等处有丰富的锡矿层。

随着对锡需要量的不断增长，科学家们一方面正在努力寻找它的替代物，另一方面仍在不断地扩大它的应用范围。

美国某公司应用一种全新的方法生产门窗玻璃：将出炉的玻璃熔液倒进一只长几十米的大槽中，而槽中漫流着一层熔化的锡液。由于金属熔液表面是一个理想的平面，因此，倾倒在它上面的玻璃表面十分光滑平坦，这样就可省去通常繁琐而费时的抛光、研磨工序，从而大大节约生产成本。

前苏联科学家则研制成功了一种奇特的新颖玻璃，初看起来，它与普通玻璃没什么两样，实际上，在镜面上覆盖着一层极薄的氧化锡。这一层肉眼看不见的薄膜允许太阳光畅通无阻地透过，但是，它却不会让阳光再反射出去，所以，人们称这种新颖玻璃叫“黑洞”玻璃或“陷阱”玻璃。它主要用于栽培蔬菜的暖房，使白天射进来的阳光热量整夜地“保存”在里面。当然，推而广之，这种新颖玻璃也可用于需要夜间保暖的住宅和各种保暖装置。

五、难熔的金属新秀——钽和铌

在稀有金属中，一直默默无闻，被埋没达200年之久的钽和铌，近二三十年来，一跃而成为难熔金属中的新秀，受到各国科学家的极大关注。

从“丹塔尔磨难”说起

相传宙斯的儿子丹塔尔曾经备受诸神的喜爱，因此，一度被允许参加诸神在奥林匹亚圣山召开的会议，并共进圣餐。但丹塔尔却辜负了众神的信任，他一开始就泄露了某些秘密的决定，后来趁诸神津津有味地用晚餐时，竟从桌上偷走玉液和神品。

诸神碍于宙斯的面子，也就装作没有看见。但是，有一次，丹塔尔邀请诸神到自己家里赴宴，竟端出了人肉作为菜肴。于是，诸神再也不能宽恕，决定将丹塔尔打入冥府，让他永受饥、渴、恐惧之苦：丹塔尔站在齐脖深的水中，头上悬有果实。当他想喝水时，水即退去。当他去采摘果实时，风将果树枝往上吹去。他的头顶上面，是摇摇欲坠的石块，仿佛随时都会砸碎他的头颅——这就是希腊神话中的所谓“丹塔尔磨难”。

回顾一下金属钽和铌的身世，的确也是十分曲折、坎坷。

17 世纪中期，在北美的哥伦比亚河流域，人们发现了一种带金黄色云母纹理的黑色重矿石。随后，这种矿石与在美洲大陆其他地方所发现的各种矿石一起，被运往英国国家博物馆。这些远涉重洋的标本在博物馆的展台上默默无闻地躺着，因为人们误将这些矿石当作普通的铁矿石了。

1801 年，当时已颇负盛名的英国化学家哈奇特独具慧眼，发现其中的黑色重矿石除了含有铁、锰以外，还有一种未知的新元素。它具有酸性氧化物的性能，哈奇特把它称之为“钶”。

1802 年，瑞典化学家埃凯贝格在另一种矿物中又发现了一种新元素。由于它的氧化物在酸中极难溶解，使埃凯贝格尝到了现实生活中的丹塔尔之苦：他试图将那一种矿石溶解在酸液中，以提炼出一种新金属。但是，每一次都眼看快要成功了，结果仍然失败。最后，埃凯贝格被迫放弃试验，并决定称这种难产的未知新金属为“丹塔尔”，即钽。

实际上，哈奇特和埃凯贝格发现的不是单纯的元素钽或铌，而是钽铌的混合氧化物。

1844 年，德国化学家洛斯经研究后证实，钶铁矿中含有两种极为相似的元素，并给它们重新命名，一个叫钽，一个叫铌。这两种元素在矿物中大都共生在一起，形影不离，好像一对“孪生姐妹”。

刚强的性格

钽和铌外观似钢，具有灰白色光泽，粉末呈深灰色，都属于高熔点金属，它们的熔点仅次于钨和铼。钽和铌不但熔点高，而且有极强的耐腐蚀性能，即使是能腐蚀铂的王水，对钽和铌也毫无影响。由于它们具有极强的耐蚀性，又有很好的强度、可塑性和导热性，因而在石油化工方面可制成各种耐蚀设备，或者作为镀层材料。

金属钽有理想的冷加工性能，所以，它能够在直径 6 厘米的拉丝模上打出数千个直径仅为 4 微米的小孔。与众不同的是，钽在受热时，能提高本身的硬度，因此有利于拉丝时增强模具的耐磨性。根据“择优录取”的原则，钽的一个重要用途就是制造化学纤维的拉丝模。到目前为止，在制作拉丝模具的材料方面，还没有一种材料能够胜过钽。

钽的另一个特点是，它和活体组织具有很好的生物相容性。这就是说，钽能与肌体组织和睦相处而没有刺激性。于是，钽被广泛用作人体康复外科的“修补件”，例如，修补头盖骨，作人造耳等。要是再覆盖上从大腿处取下来的皮肤，足可以达到以假乱真的效果。钽纱可以用来补偿肌肉组织和加固外科手术后的腹腔壁，钽夹子能可靠地钳合血管，细钽丝可作为医疗上的缝合线，缝得结实而柔软，它甚至能缝接神经纤维。如今，医学界对钽的需求量约占钽总产量的5%。

新的重要用途

大部分金属都具有良好的导电性，它们又可制成各种合金材料。钽的妹妹——铌除了具有上述两项功能以外，还有一个新的重要用途，那就是利用它的某些合金在低温下所具有的超导性，用作超导材料，制成超导磁体。

少年朋友或许都知道，大多数金属的电阻率随着温度的下降而下降，但是，不管下降到何种程度，都会残留一定的剩余电阻。只有几种金属，其中包括铅和铌在内，当温度下降到某一数值时，电阻突然消失为零。有关科学家告诉我们，超导体的电阻率只相当于高纯度的铜在−269℃时所具有的直流电阻的一万亿分之一。虽然有的科学家在1911年已经发现了超导现象，而且在此后不久，人们就作了种种努力，但是一切希望都落空了。

直到1961年，美国贝尔实验室的科学家们发现，铌锡合金不仅临界温度高，而且在大电流密度下仍有超导性，从而打开了超导体通向实际应用的大门。

科学家们经测试后表明，超导体的导电能力比普通导体要大一千倍。超导电缆具有惊人的输电能力。据美国专家估计，使用三根直径为 14 厘米的超导电缆，可以供纽约整个城市的全部用电。目前，铌已被选作最有希望的超导交流电力电缆的材料。

利用铌的超导性能还可制成超导强磁体。而将超导磁体用于磁悬浮高速列车，时速可达 520 千米。日本第一辆由东京到大阪的磁悬浮列车已于 80 年代初投入运行。

六、淘气的金属——钠

钠元素是地球的主要成员之一。在金属元素中，它的含量仅次于铝、铁、钙而坐第四把交椅。钠元素在地壳中的分布很广，它不但有自己丰富的矿床，而且在水、土壤，甚至高空大气中，都能找到它的踪迹。

淘气和调皮的家伙

金属钠呈银白色，具有美丽的光泽。钠和锂一样，它很软，可以用刀切割。钠的密度比水小，能浮在水面上，并与水发生剧烈的反应。把一小块钠投入水中，钠会浮在水面上，它跟水反应放出的热，能立刻使它溶成一个闪光的小球。小球向各个方向迅速游动，宛如在水面上翩翩起舞。小球逐渐缩小，直至最后完全消失为止。

为什么说钠是一个十分淘气和顽皮的家伙呢？你若不信，请看它的以下表现：

钠遇到水，就会立即生成氢氧化钠，并放出氢。即使将钠放在空气中，它也决不会安分守己。因为空气中也有少量水蒸气，而空气中的氧，和钠也是“情投意合”的好朋友。钠一见到氧，就会和它亲密地结合在一起，变成氧化钠。因此，一块银光闪闪的金属钠，只要在空气中呆上一会儿，它就会很快失去光泽，浑身上下披上一件灰白色的由氧化钠和氢氧化钠做成的“外套”。为了防止钠淘气肇事，人们只好将金属钠整天“禁闭”在干燥的煤油中。不过即使这样，时间久了，性格活泼的钠元素仍然会与偷偷溜进来的空气和水汽悄悄地结合而失去光泽。

由于空气和水到处都有，因此，在自然界中，钠总是和各种各样的“朋友”结合在一起。“单身”的、金属状态的钠，在自然界几乎是不存在的。

在化学界的足迹

由于金属钠柔软的“身体”和活泼异常的“性格”，使得它在机器制造业中没有立足之地。金属钠既不能制成各种零部件，也无法充当导线。可是，化学家们对金属钠的“性格”却十分赏识，因此，每年问世的大量金属钠，大多数都来到化学工业的各个部门为人类

"服务"。

利用金属钠很喜欢与水发生作用这一点，化学工业上就把钠作为脱水剂。当乙醚或其他有机溶剂中含有的水分已经很少时，一般的干燥剂，如无水氯化钙，就无能为力了。这时，如果放进一些金属钠的薄片，金属钠立刻就会与有机溶剂中的残余水分子化合，生成氢氧化钠和氧气。氢氧化钠是非挥发性的，经过蒸馏后，就可以获得绝对无水的有机溶剂。

金属钠又是一种很强的还原剂。在化学工业中广泛应用的还原剂——钠汞齐，就是由钠和汞制成的合金。在这里，汞其实只是作为一种稀释剂而存在的，其目的是使钠在还原"别人"时，不致于过分"撒野"。

金属钠本身以及由金属钠和乙醇（也叫酒精）作用而成的乙醇钠，经常以催化剂的"角色"出现在化学工业和制药业方面。在乙醇钠这位"媒人"的热情撮合之下，许多物质的化学"结合"变得容易和加快了。有些原来要在高温高压下才能起作用的物质，在比较低的温度和压力下也可以进行了。

有一点可能是许多少年朋友所熟知的，那就是：大量的金属钠被用于合成橡胶工业，例如生产著名的丁钠橡胶，就非有钠不可。

总之，钠在化学工业中的应用，真是多得不胜枚举。

金属钠在科学家的实验室中，也有许多重要而有趣的应用。例如，当我们想要知道在某个有机化合物中，是否含有硫、氯、溴、碘、氮等元素时，我们不能让这个有机化合物和一般试剂起作用。那是因为有机化合物中的各种元素并不以离子状态而存在，所以，它们对无机试剂是不加理睬的。为了使上述元素变成离子状态，最简便的方法就是将有机物和金属钠放在一起加热，于是，活泼、调皮的金属钠顷刻之间就会将有机物"拆散"，并且分别与那些元素结合成相应的钠化合物。这时，人们就可以用无机试剂来检验它们是否存在了。

在其他领域的贡献

上面主要介绍了金属钠在化学界的"服务"情况，其实，它在其他领域也有不少重要用途。例如，利用钠制成的钠光灯，就是许多仪器乐于采用的单色光源。更加难能可贵的是，金属钠能够跟上时代的步伐，在许多高新技术领域作出了重大的贡献。在核电站中，核能以热的形式释放出来以后，必须借助于导热剂将这些热能传导出来，然后再使它变成电能。水是最常用的导热剂，不过，水有一个很大的缺点，就是它的沸点很低，在常压下 100℃就已经汽化了。在高温下，水蒸气的压力会变得很大，这样就会给设备带来许多麻烦。要是采用金属钠做导热剂，因为金属钠要到 890℃才沸腾而汽化，而且钠蒸汽

的压力不大，所以，对设备的压力要求可以低得多。这样，事情就好办得多了。

在潜水艇、宇宙飞船以及未来的月球“住宅”中，钠也有奇妙的用途。上面我们已经提到，钠很容易氧化，在常温下，它就能跟空气里的氧气化合而生成氧化物。钠跟氧气化合会生成氧化钠。氧化钠极不稳定，它会继续氧化，生成过氧化钠。研究表明，过氧化钠是一个绝妙的氧气仓库，当需要使用氧气时，只要将过氧化钠暴露在空气中，它遇上空气中的二氧化碳，就会与之产生反应，生成碳酸钠并放出氧气。所以，在潜水艇、宇宙飞船和未来的月球“住宅”中，过氧化钠可以大显身手。

上面所介绍的，仅仅只是金属钠“本身”的一些重要用途。至于钠化合物的用途，这里就不一一赘述了。

七、“善解人意”的记忆合金

在我们日常生活中，经常会碰到这样一些小事：汽水、啤酒以及果酱瓶的盖子，都要用“扳手”之类的工具来开启，十分不便。有些小朋友手头没有“扳手”，就爱用牙齿去咬，结果损伤了牙齿，以致造成不小的麻烦。要是这些盖子具有“善解人意”的特性，该有多好啊！随着高新技术的发展，科学家们通过研究，采用新工艺、新技术制造了一种能“善解人意”的奇妙的合金材料，人们称这种合金材料为“形状记忆合金”。

意外的发现

所谓“形状记忆合金”，就是某种材料在一定的温度下受外力作用时会发生变形，一旦外力去除后，它仍能保持变形后的形状；而当温度上升到某一数值时，这种材料又会自动恢复到变形前的形状。它似乎对自己原有的形状具有很好的“记忆”能力。

那么，科学家们是怎么发现某些合金具有这一绝招的呢？

20 世纪 60 年代初的某一天。美国海军军械实验室的工程技术人员从仓库领来一批镍钛合金丝，可能是由于在制作过程中某一环节处理不当，因此，合金丝被弄弯了。人们只好一根一根地将合金丝拉直，并顺手将它们堆放在炉子的旁边。这时，意外的事情发生了：那些拉直的合金丝在炉温的烘烤下，不一会儿又都恢复到原先弯曲的形状。这就意味着，工程技术人员做了不少无用功，前功尽弃，令人懊丧。于是，他们不得不重复刚才的动作——把合金丝再次拉直。不过，他们还是没有领悟到合金丝又一次变弯的个中原因，所以，还是把拉直的合金丝堆放在炉子旁。就这样，拉直，弯曲，再拉直，再弯曲……这一现象重复出现了多次。后来，其中有位工程技术人员似乎意识到与炉子有关，为此，他们把拉直的合金丝换了一个堆放点。这时，合金丝果真直挺挺地躺在那儿不再弯曲了。

少年朋友们，要是你们碰到这种情况，会怎么办？也许，有些小朋友开始时感到奇怪，后来，拉直的合金丝不再弯曲了，一些小朋友以为问题解决了，也就不再思索，并进一步进行研究了。

而美国海军军械实验室的工程技术人员却紧紧抓住了这一事件，开展反复的实验研究。最后，他们终于发现：50％的镍和 50％的钛所制成的合金，当温度升高到 40℃以上时，能“记住”自己原来的形状，科学家们把这种现象叫做“形状记忆效应”。

1963 年，在一次美国海军科学会议上，有关工程技术人员宣布了他们的研究成果，并向与会代表演示了“形状记忆效应”实验。

后来，经过许多科学家的不懈努力，人们又发现，铜锌铝合金、铜镍铝合金、铁铂合金等也具有“形状记忆效应”。科学家们把这一类合金叫做“形状记忆合金”。

形状记忆合金的奥秘

那么，我们上述所提到的这类合金为什么能“记住”自己以前的形状呢?

要回答这一问题，需要掌握冶金学、金属物理学等多门学科的知识，同时还会涉及许多专业术语和名词。下面我们只能简略地介绍一下。

如果用一句话来概括，形状记忆合金的特性是由它的内部晶体结构所决定的。

现在，科学家们已经基本上熟悉了形状记忆合金的习性：这类合金在一定的温度范围内具有一定的外形，而合金内部的原子排列又具有与外形相适应的可逆转变结构。上面我们已经谈到，形状记忆合金对转变温度都有一定的要求。因此，在转变温度以上，当人们将这类合金加工成需要记忆的形状时，合金内部原子就会顺从地排列成一种稳定的结晶构造。如果将它们冷却到转变温度以下，施加外力改变它的外形，这时，它的原子结合方式并未发生变化，只是原子离开自己原来的位置，在邻近的位置上暂时逗留一下。要是把这种变形的记忆合金加热到转变温度以上，由于原子获得了向稳定结晶构造转变所需要的能量，于是，它们就会重新各就各位——即重新回复到原先的位置，从而又恢复了以前的形状。

至于谈到形状记忆合金的加工工艺，其实并不怎么复杂。人们只要先将合金材料加工成一定的形状，然后将它放在高温（300℃～1000℃）下进行热处理，这类合金就具备了“记忆”能力（能“记住”合金被加工后的形状)。对于不同的合金材料，或同样的合金不同的成分，采用不同的热处理工艺，就能获得不同使用要求的“记忆”特性。

合金材料的形状“记忆”特性有“单程”记忆、“双程”记忆和“全程”记忆三种情况。所谓“单程”记忆，就是仅仅在加热升温时才具有“记忆”能力，能恢复高温状态时的形状（也称“热记忆”）；所谓“双程”记忆，就是在加热时能恢复高温状态的记忆，冷却时则变为低温状态的形状（也称“冷记忆”）；所谓“全程”记忆，就是在实现“双程”记忆的同时，继续冷却到更冷温度，可以出现与高温时完全相反的形状。

形状记忆合金的应用

目前，形状记忆合金已被人们应用在许多方面，并取得了很好的成效。

用于工业生产 形状记忆合金是连接零件和管道的能手。在室温下，将镍钛合金制成管道的接头，使它们的口径略小于管道的外径。连接时首先将接头放入液氮中进行冷膨胀，此时，接头内径就会比管道外径略大，尔后，人们迅即将被接的管道插入接头内。当接头升温到室温时，接头就像孙悟空头上的那道箍遇到唐僧念紧箍咒那样，紧紧收起，将管道封接得非常严密。据有关资料报道，由美国制造的一种喷气式战斗机的液压系统管道，由于结构紧凑而无法焊接，采用形状记忆合金制造的接头后，顺利地解决了这个困难。到目前为止，战斗机的液压系统尚未发现漏油、破损、脱落等事故。

用于医疗卫生 由于镍钦合金对人体有着较好的相容性，对周围的人体组织又不会产生污染，也不会致癌，因此可以将它植入人体内。在我国已有利用镍钛合金来接合断骨——把浸在低温液体中的合金板铆接在断骨（例如胫骨、股骨）的两端。合金板受体温加热后，立即收缩，使断骨处紧紧地相接在一起。此外，还可利用镍钦形状合金制造的拱形金属丝对牙齿进行矫正，利用形状记忆合金制作的脉瘤钳结扎动脉壁上生出的脉瘤，利用形状记忆合金来制造人工心脏和收缩用元件，用来矫正驼背或做头盖骨等。

用于航空航天 由于宇航飞行器体积较小，因此，上天时容纳不了各种网状天线。利用形状记忆合金的特性，可先将网状天线在较低转变温度下，把它折拢，压缩成团，装入宇航器。上天后，将折拢的网状天线取出，在太阳光的照射下，温度上升，网状天线就会自动打开，恢复成原先的形状，再也不需要来自地球的遥控操作了。

用于日常生活 形状记忆合金可用来制作安全淋浴器——在水管出口处，加装一个尼龙球形阀门。在“莲蓬头”中央加装一个安全装置。安全装置由调整螺钉、镍钛合金弹簧和锥形尼龙塞组成。洗澡时，调节好冷、热水龙头的开关，温水便从“莲蓬头”中流出。当水温上升到使人受不了时，镍钦合金弹簧会因“热记忆”而伸长，推动锥形尼龙塞，于是，自动关闭尼龙球形阀门，停止出水。这时，淋浴者可再次调节冷热水龙头及调整螺钉，继续洗澡，保你洗得痛快，称心如意。

也可用镍钛合金来制作汽水、啤酒等瓶装饮料的盖子。开盖时，只要用打火机的火焰烘烤瓶盖，由于镍钛合金的“热记忆”，原来紧贴

瓶口的盖子就会自动松开，这样也就不需要开瓶的专用“扳手”了。

八、高速飞行的保证——高温合金

飞机的变迁史告诉我们，一种新材料的出现，往往会促成飞机更新换代；反过来，飞机的发展又对材料的发展提出新的要求，从而促进新材料的研制和发展。高温合金的诞生算是其中的一例。

飞机结构材料的变迁

从 1903 年飞机问世，到 20 年代末期，飞机结构材料都是采用木料、金属丝、钢索和帆布，所以，我们称那时的飞机为“木质飞机”。后来，又发展为木料与金属的混合结构飞机。这些飞机强度小，速度慢，受天气影响大，停放在地面上时，还需进行系留，以防被大风吹坏。驾驶这种飞机飞行，要受许多天气条件的限制，难以满足人类自

由飞翔的愿望。因此，人们渴望一种金属飞机的诞生。

实际上，制造这种金属飞机的材料，早在1827年就由德国的一位工程师炼制出来了，它就是金属“铝”。只是由于当时金属铝初露头角，因此人们尚未发现它的优点。到了1908年，世界上又出现了铝合金。30年代初，铝合金的生产又有了很大的发展。在生产实践中，人们逐步认清了铝和铝合金的性质。

纯铝，比较软，强度很低，刚性也差，不适宜作为飞机的结构

材料。

铝合金，主要是铝与铜、镁、锌的合金，俗称“硬铝”。它比木质结实，它的强度与普通碳钢相近，而重量却只有钢的三分之一。同时，铝合金还具有“淬火”后在短时间内变软不变硬的特点。人们利用铝合金的这一特点，可以任意进行工艺加工。所以，铝合金成了制造金属飞机的主要材料。

金属铝——提高飞行速度的基础

1911年，世界上第一架用铝合金制成的全金属单翼飞机诞生了。飞机结构材料的根本变化，使飞机的性能也发生了惊人的变化。到1939年，铝制螺旋桨飞机创造了每小时飞行755千米的记录，与最初飞机的飞行速度相比，提高了47倍多。直到现在，铝合金在现代一些飞机上占的比重还很大。

铝制飞机为进一步提高飞行速度奠定了基础。可是，活塞式发动机却成了提高飞机速度的障碍。于是，人们开始设想生产一种大功率的喷气式发动机。

30年代后期，英国研制成功了一种耐700℃高温的镍基合金。1937年，第一台涡轮喷气发动机在英国诞生了。1939年和1941年，德国和英国第一架涡轮喷气式飞机相继上天，从而使飞机进入了“喷气时代”。1947年，飞机又进入了“超音速飞行时代”。

高温合金——高速飞行的保证

随着飞机飞行速度的不断加快，又出现了一个新问题：当飞机以超音速飞行时，在飞机外表会产生一种气动加热现象。所谓气动加热，就是指飞机高速飞行时，紧贴飞机的气体温度会急剧升高。这时，飞机表面便受到高温气体的“加热”。这种气动加热现象被人们称作高速飞行的“热障”。“热障”的高低是随飞机的超音速程度而变化的。例如，当飞机作两倍音速飞行时，飞机头部的温度会升到116℃；两倍半音速飞行时，要升到214℃；三倍音速时，可升到332℃；假如作六倍音速飞行时，飞机头部的温度可升高到1000℃以上……可是，铝合金所允许的温度界限仅为180℃左右。这就意味着，当铝制飞机以两倍半音速飞行时，强度就会显著下降；假如以三倍音速飞行时，飞机可能发生空中解体的严重事故。为了使高速飞机跨过“热障”，人们又开始寻找一种新材料。就这样，一种高温合金——钛合金研制成功了。于是，飞机又发生了“脱胎换骨”的变迁——钛制飞机开始登上了航空舞台。

现在，有30多种钛合金已用于飞机上。目前，采用钛的比重还在不断增大。当然，钛制飞机绝不是现代飞机发展的唯一途径。这是因为，在材料家族中，其后代是层出不穷的。

第二章　走出远古的新材料——陶瓷

人类发明摩擦生火以后，便开始了陶瓷时代。可以毫不夸张地说，陶瓷的产生是人类发展史的一个里程碑。

大约8000年以前，住在我国黄河流域的先民们，已经使用陶瓷。人们有意识地烧制成这种器具作为烧煮、汲水和储盛食物的器皿。

有史料记载，陶器是人类最早不用大自然的现成材料而制成的器具，制陶技术可以说是最古老的材料技术，它是人类材料技术的先河。

一、陶瓷兄弟引出的故事

有人称陶瓷是一对“孪生”兄弟。其实，陶“哥哥”的年龄已有1万多岁，瓷“弟弟”的年纪要比陶“哥哥”小好几千岁。但是，比起“哥哥”来，“弟弟”的模样更俊美、轻巧，因此更受人们的欢迎。瓷器是由我国劳动人民发明的，正因为如此，西方人称古老文明的中国为“China”，意思是“瓷器之国”或“瓷器之乡”。

在中世纪，我国的陶瓷曾作为艺术品受到欧洲各国宫廷的欢迎，许多王公大臣都以获得中国的陶瓷制品为荣。

为了说明某些君王对中国陶瓷的偏爱，让我们援引这样一则小故事——

17世纪某个年代，欧洲有个国王，名叫奥古斯特，他爱陶器真是着了迷。他专门建造了一座宫殿，把五花八门、稀奇古怪的陶器都收藏了起来。当时，欧洲还有一个叫威廉的国王，他喜欢的却是牛高马大的卫士，而奥古斯特国王手下正好有这般身材魁梧的卫兵。于是，一场两厢情愿的交易便很快地做成了：奥古斯特用600名卫兵向威廉换来了127件中国瓷器。由此可见，瓷器的身价是多么昂贵。

二、不怕撞不怕摔的陶瓷

普通陶瓷为什么生性脆弱

陶瓷给人的印象总是脆弱得很：一只瓷碗，掉在地上，就会“粉身碎骨”。

近年来，科学家们在对陶瓷进行悉心研究后发现，它之所以如此脆弱，主要有两个原因：

第一，由于陶器的烧成温度比较低，通常为800℃～1000℃，因此气孔率比较高。在陶器碎片的断面上，少年朋友们不难看到许多小孔洞，且组成陶器的颗粒也比较粗大。瓷器的烧成温度虽然要比陶器高得多（通常为1200℃～1400℃），组成的结构也比陶器细密多了，少年朋友们用肉眼可能看不出有什么细微的缺陷，但是，如果你通过显微镜进行观察，在瓷器碎片的断面上，就可以看到有许许多多细微的伤痕、裂纹、气孔和夹杂物。要是你把瓷器碎片放在倍数更大的电子显微镜下，那么，你还可以发现瓷器在晶体结构方面的缺陷，例如空位、位错等。而所有这些细微的裂纹、气孔、夹杂物、晶体缺陷和表面伤痕，都可能成为陶瓷裂纹的发源地。

第二，由于陶瓷属于脆性材料，一旦出现裂纹，它不像金属那样具有塑性变形能力，所以，只好“打破沙锅纹到底”了。至于在热冲击的条件下，由于陶瓷的导热性较差，热膨胀系数大，热应力由此增加，因此，裂纹的扩展速度更会进一步加剧。在日常生活中，如果我们用沙锅炖（煮）食物，只能用文火慢慢加温，要是一开始就用猛火急烧，就会出现沙锅炸裂事故。即使是烧好后，也不能用水急冷。

研制新颖陶瓷的秘诀

那么，采用什么具体办法才能制造出不怕撞击、不怕摔打、不怕猛火急烧的新颖陶瓷呢？

所谓新颖陶瓷，必须克服普通陶瓷脆性这一缺点。经过许多科学家的不懈努力，现在人们终于找到了克服陶瓷脆性的药方。

首先，从改善内部结构着手。研究表明，在氧化锆陶瓷的原料中，添加少量的氧化钇、氧化镁、氧化钙等粉末，经高温烧制成氧化锆陶瓷后，其中的氧化锆便生成两种晶体，它们叫立方晶体和四方晶体。当陶瓷受到外力作用时，四方晶体便变成一种单斜晶体，体积迅速“膨胀”。由于晶体的体积急速增大，进而可阻止陶瓷中原先存在的细微裂纹的扩展。这样，陶瓷就不会破裂了。

其次，可在改善陶瓷的表面状态方面下功夫。一般说来，陶瓷的断裂大都从表面的缺陷开始，因此，改善陶瓷的表面状态，犹如为防止陶瓷的破损设下了第一道屏障。具体方法为：通过化学或机械抛光技术消除陶瓷的表面缺陷；对氮化硅、碳化硅等非氧化物，只要通过控制表面氧化技术，便可消除表面缺陷或者使裂纹尖端变钝；通过热处理也可达到表面强化和增韧的目的。

第三，将纤维均匀地分布于陶瓷原料之中，以提高陶瓷的强度和韧性。其原理与我们在石灰中加入纸筋相类似。这是因为，将纤维加入陶瓷原料之中，具有三大作用：①纤维不易拉断，在工作时可承担

大部分外加负荷，从而减轻了陶瓷的负担，进而使裂纹不易产生；②纤维与陶瓷体结合在一起以后，具有很大的摩擦力，于是，陶瓷的韧性可大大提高；③即使陶瓷内出现了细微裂纹，纤维也能将它们紧紧拉住，不至于进一步扩展开来。

新颖陶瓷的应用

新颖陶瓷可以制作成陶瓷榔头、陶瓷菜刀、陶瓷剪刀等工业产品和生活用具。从外观上看，这些陶瓷制品与普通的钢铁制品并没有什么不同，只是毫无钢铁的成分。“新颖陶瓷”又称“韧性陶瓷”。

韧性陶瓷除了不怕撞击不怕摔打的优点以外，还具有强度大、硬度高、不怕化学腐蚀等优点。它除了可以制作榔头和刀剪以外，还可以制造开瓶器、螺丝刀、斧头、锯子等器具。

至于说到这些新产品的长处，那是显而易见的：用陶瓷菜刀切食物，不会在食物上留下令人讨厌的铁腥味，它特别适合于切生吃的食物和熟食；陶瓷剪刀的锋利程度不亚于钢制剪刀，可以用来裁剪纸张、绸布等。由于它不会带磁性，因此特别适宜于剪接录音磁带和录像磁带。

韧性陶瓷还可以用来制做手表壳，制造加工金属用的切削工具、防弹盔甲、人造骨骼和关节呢。不过，材料科学家对韧性陶瓷最感兴趣的是利用它代替金属材料制造发动机。有关这方面的内容，我们将在本章最后一节作详细介绍。

三、神奇的能量转换器——压电陶瓷

说到能量转换，少年朋友们大都容易理解。例如，电灯把电能转化成为光能和热能，电动机带动水泵把水抽到山坡的梯田上；大坝下的水轮机带动发电机发电，都是把机械能转化为电能……然而，你可知道，有一种压电陶瓷，它能使机械能和电能互相转换，为我们做许许多多有益的事情呢。

压电效应及其原理

压电现象是100多年前居里兄弟研究石英时发现的。我们在上面提到的压电陶瓷，是一种先进功能陶瓷，它具有压电效应。

那么，什么是压电效应呢?

当你在点燃煤气灶或热水器时，就有一种压电陶瓷已悄悄地为你服务了一次。生产厂家在这类压电点火装置内，藏着一块压电陶瓷，当用户按下点火装置的弹簧时，传动装置就把压力施加在压电陶瓷上，使它产生很高的电压，进而将电能引向燃气的出口放电，于是，燃气就被电火花点燃了。压电陶瓷的这种功能就叫做压电效应。

压电效应的原理是，如果对压电陶瓷施加压力，它便会产生电位差（称之为正压电效应），反之施加电压，则产生机械应力①（称为逆压电效应）。如果压力是一种高频震动，则产生的就是高频电流。而高频电信号加在压电陶瓷上时，则产生高频声信号（机械震动），这就是我们平常所说的超声波信号。也就是说，压电陶瓷具有机械能与电能之间的转换和逆转换的功能，这种相互对应的关系确实非常有意思。

压电陶瓷的用途

压电陶瓷的用途十分广泛。据粗略统计，压电陶瓷至少有20多种用途。让我们仅举几例。

压电打火机　近年来，煤气公司出售的一种新式的电子打火机，就是应用压电陶瓷的压电效应制成的。有些少年朋友假如在中午要自己把饭菜热一下，你一定有这方面的“经验”：只要用大拇指压一下打火机上的按钮，压电陶瓷即产生高电压，形成火花放电，从而点燃煤气。当压电陶瓷把机械能转换成电能放电时，陶瓷本身不会消耗，也几乎没有磨损，可以长久使用下去。所以，压电打火机使用方便，安全可靠，寿命长。据煤气公司销售人员介绍，一个压电打火机可使用30万次以上。以每年使用3000次计算，约可以使用100年。

压电地震仪　地震这一自然现象，一直显得异常狰狞可畏。地球每年发生的地震大约有几百万次，其中人能感觉到的约为几万次，约占1%。20世纪以来，已发生10次破坏性大地震，其中有4次发生在中国。

大地震一旦发生，对人类造成的灾难是毁灭性的，因此，地震预

---

① 应力：物体受到外力作用时，内部产生的对抗的力叫应力。

报十分重要。由于压电陶瓷的压电效应非常灵敏，能精确地测出地壳内细微的变化，甚至可以检测到10多米外昆虫拍打翅膀引起的空气振动，所以，压电地震仪能精确地测出地震强度。由于压电陶瓷能测定声波的传播方向，因此，压电地震仪还能告诉人们地震的方位和距离。有压电地震仪来预报地震，人们可以放心多了。

压电引爆器　在军事上，人们在制造穿甲弹的时候，常常把压电陶瓷安装在弹头部位。只要穿甲弹一击中坦克，炸药就会被压电陶瓷产生的高压电点燃而爆炸，把坦克炸得粉碎。

……

此外，通过正压电效应，把机械振动转换为交流电信号，可用来制造压电拾音器、扬声器、蜂鸣器、超声波接收探头等，其中电子音乐贺卡就是这种器件的实例。反之，通过逆压电效应，将交流电信号转换为机械振动，可用于制造超声波发射仪、压电扬声器、录像机和录音机的传动装置以及超声波清洗剂。另外，许多高转换效率、高灵敏度的声波发射和接收的压电器件正服役于超声波的水下探测仪，探测海洋中鱼群的规模、种类、密集程度、方位和距离，以及潜水艇位置的水下声纳，材料的超声波无损探伤仪，还用于超声波断层摄影装置，大功率超声波碎石仪等各种仪器。

压电陶瓷具有加工成型方便、成本低、压电特性便于控制等特点，应用范围正在不断扩大，前景不可估量。

四、令人诧异的透光陶瓷

喜欢蟋蟀的少年朋友都知道，蟋蟀习惯于生活在阴暗和潮湿的环境之中。所以，一旦捉到蟋蟀，就应将它们饲养在瓦盆内。之所以这么做，其中有一个原因就是瓦盆不透光。陶瓷的生产工艺比瓦盆要复杂得多，因此，它的透光性也就比瓦盆要差好多好多。

近三四十年来，陶瓷专家经过长期的研究，已开发出一批能透光的先进陶瓷。

透光陶瓷问世

20世纪50年代的某一天，有位陶瓷专家和他的助手们正在实验室里为研制透明陶瓷而勤奋地工作着。当一位助手从炉内取出一片烧制好的陶瓷样品时，稍一疏忽，那一小片样品正好落在实验桌上一本翻开的书上。这时，令人惊喜的事情发生了：透过陶瓷样品，书上的文字清晰可见。这本来就是他们实验的最后目的。经过无数次失败，现在终于研制成功了。年轻的助手们怎能不欢呼雀跃！他们一边把帽子抛向天空，一边呼喊着：“成功了！成功了！”

这时，以治学严谨而著称的陶瓷专家抑制住内心的激动，让助手

们通过显微镜验证一下。经过仔细检查，这片陶瓷样品完全合乎规格。在 1957 年的一次国际会议上，陶瓷专家郑重地向同行们宣布：世界上第一片透光陶瓷诞生了。

那么，从陶瓷罐中漆黑一片到能使陶瓷透光，需要攻克哪些技术难关呢？

陶瓷专家经过悉心研究后发现，陶瓷之所以不透光的主要原因是由于在陶瓷中有许许多多细微的气孔。科学家们曾经做过这样的实验，当一束光线照射到陶瓷表面时，由于陶瓷中的微小气孔对光线具有极强的散射能力，致使大部分光线分散到四面八方，最后被陶瓷所吸收。这就意味着，微小气孔是光线通过陶瓷的“拦路虎”。只有赶走这只“拦路虎”，才能使光线在陶瓷中畅通无阻。

为了赶走微气孔这只“拦路虎”，陶瓷专家和助手们主要采取了以下技术措施：

第一，选用上好的原料。烧制陶瓷所用的原材料，它们的纯度和细度都相当高，而且颗粒十分均匀。经检测表明，原料的纯度为99.99%，平均颗粒的尺寸为0.3微米，太大太小的颗粒一概去除。

第二，控制陶瓷结晶的形成速率。在透光陶瓷研制过程中，科唯家们减缓了陶瓷结晶过程中晶粒的形成速度唯 由于晶粒的缓慢挤压，进而将微气孔彻底赶跑。

第三，形成真空唯件。为了在陶瓷体中不存在气孔，要减少加热炉中的气体，能抽成真空当然更好。这是因为，在加热炉中几乎没有气体，所以，这就等于隔绝了陶瓷中形成微气孔的源头。

透光陶瓷用途多

军事天地 透光陶瓷用于军事工业，主要是在导弹方面大显身手。

少年朋友，特别是男性少年朋友大都喜欢阅读有关现代武器装备的书籍和文章。大家都知道响尾蛇导弹具有跟踪目标的本领吧！

的确，响尾蛇导弹的这种本领是向响尾蛇学来的。动物学家告诉我们：在响尾蛇眼与鼻孔之间有一个凹陷的“颊窝”，在这一“颊窝”内有一层薄膜，在薄膜上布满着神经末梢和一种叫绒粒体的细胞器，这一细胞器能随着温度的变化而膨胀和收缩，周围温度只要有千分之一度的微妙变化，它就能感觉出来。在漆黑的夜间，响尾蛇之所以能出其不意地发起攻击，像闪电般地吞食田鼠，靠的就是这一个灵敏的细胞器。

军事科学家从响尾蛇捕食那儿得到启示，只要在导弹头部安装一个灵敏的感受器，不就可以自动引向目标了吗？于是，军事科学家为导弹头部设计并研制了一个红外线[①]探测器，这一探测器的任务就是发现、捕获从敌机那儿辐射出来的哪怕是极其微弱的红外线，对于敌机发动机喷射出来的高温燃气，那当然更不在话下。不过，为了抵挡导弹飞行过程中的高速气流以及雨雪的冲刷，在导弹头部的探测器上，需要有一个防护罩，这个防护罩要有足够的强度和硬度。那是因为，高速飞行过程的导弹，它头部的表面温度可超过几千摄氏度。这就是说，对防护罩材料的要求之一，是必须能够耐超高温。

研究、比较表明，能承担这一任务的非透光陶瓷莫属。只有它，最适合于制造响尾蛇导弹头部探测器的防护罩。

灯具世界　20世纪30年代初，人们就已经获悉：利用钠蒸气放电可以获得一种高效率的光源。但是，由于当时各方面条件的限制，一种新颖的灯具无法进入实用阶段。这是因为，钠蒸气放电会产生超过1000℃的高温，而且在本书第一章中我们已经谈到，钠是一种非常活泼的金属，它有很强的腐蚀性，而用玻璃制成的灯管虽然耐腐蚀，却过不了高温关。由于一时找不到一种两全其美（既耐高温又不怕腐蚀）的合适的灯管材料，因此，研制高压钠灯的计划只好搁浅。

1957年，世界上第一块透光（又称透明）陶瓷的问世，使研制高压钠灯的计划才得以实施。研究表明，透光陶瓷的熔点高达2050℃，而且在1600℃的环境下能不受钠蒸气的腐蚀，它又可以通过95%的光线。具备了这些条件，真可谓是“万事齐全，只欠东风。”经过有关科学家的努力，高压钠灯终于在1960年呱呱坠地，后经过不断改进，得到了实际应用。

我们说高压钠灯是一种发光效率很高的电光源，让我们与其他一

---

① 红外线：一种波长比可见光线长的电磁波。

些灯具进行比较。经测试表明，普通白炽灯的发光效率只有 10 流明[①]/瓦，高压汞灯的发光效率为 50～60 流明/瓦，而高压钠灯的发光效率高达 110～120 流明/瓦。这就是说，在同样功率的情况下，一盏高压钠灯能抵两盏高压汞灯用，而且光色柔和、银白。在高压钠灯下看物体清晰，不刺眼。对于河道纵横交错的地区以及沿海城市来说，这种新颖灯具更具有特殊的吸引力——高压钠灯的光线能透过浓雾而不被

散射，因此，作为汽车的前灯特别合适。

还值得一提的是，高压钠灯的平均寿命长达 1～2 万小时，比高压汞灯的寿命长两倍，比普通白炽灯高 10 倍以上，是目前使用寿命最长的灯。

除了可研制高压钠灯以外，透光陶瓷还适用于研制其他新颖灯

① 流明：光通量单位。1 流明等于 1 国际烛光照射在距离为 1 厘米、面积为 1 平方厘米的平面上的光通量。

具，例如钾灯、铷灯、铯灯以及金属卤化物灯等。

墨镜家族 夏日，骄阳似火，要是戴上一副墨镜，就舒服多了。是的，强烈的阳光，会使你睁不开眼。假如你正好从焊接工人身旁走过，而他正在那儿焊接刚刚安装起来的人行天桥的扶手，这时，当你的眼睛受到电弧强光的刺激后，会一时看不清周围的东西。如果戴着墨镜，电弧的强光对你的眼睛就不会造成什么干扰了。电焊工人在操作时，都要戴上面罩，这种面罩的作用与墨镜大体相似。现在已经很清楚，墨镜有养目和避免强光线刺眼的作用。

说到强烈光对眼睛的刺激，都莫如原子弹爆炸时的情况了——强烈的光辐射会使人看不清东西，甚至变得寸步难行。但是，核试验工作人员重任在肩，他们必须注视着原子弹爆炸的全过程；而在爆炸前的准备阶段，他们又有许多事情要做，又不能戴着墨镜操作。而且从按下按钮——原子弹爆炸——到出现光辐射，总共不过 3 秒钟时间，如果等原子弹引爆之后再戴墨镜，显然是来不及了。

我们啰嗦了这么多，归纳起来，就是一句话：在军事国防上，在工业战线上，在日常生活中，人们迫切需要有一种能自动调光的护目镜。这种护目镜在遇到强光时能自动迅速变暗，当危险光消失后，又能恢复到原来的明亮状态。

现在，有了透光陶瓷，人们便可梦想成真了：有一种透光陶瓷能透光、耐高温、耐腐蚀、强度高。讲得形象一点，在陶瓷护目镜的镜片中，有一套自动化关闭、开启系统。有了这种新颖护目镜，电焊工人在操作时，就不必一手拿着面罩，一手拿着焊枪——进行电焊时，把面罩戴上；电焊一结束，再拿下面罩。有了这种护目镜，核试验工作人员就可以戴着它进行核爆炸前的各项准备工作了。

墨镜家族中的这位新成员，为需要在强光下工作的人们带来了福音。

五、高技术陶瓷的应用前景

高技术陶瓷是一种集耐高温、耐腐蚀、耐磨损、高硬度等多种特性于一身，且具有良好的自润滑性的新颖工业用材料，是继钢铁、高分子材料之后的第三大材料体系。高技术陶瓷的普及应用将是世界工业生产的一大趋势。从90年代初开始，世界上发达国家已在各个领域取得了良好的应用成果：上至航天飞机，下到海洋钻井，广到民用五金，都能找到高技术陶瓷的足迹。随着该项技术产品的不断开发，高技术陶瓷全面进入工业领域的日子已为期不远。

航天飞机的“陶瓷外衣”

由于高技术陶瓷具有特殊的性能，因此，制造航天飞机、宇宙飞船、人造地球卫星以及飞机、坦克等都离不开它。例如，洲际导弹的端头帽、回收型人造地球卫星的前缘、火箭发动机的喷管、航天飞机

的外壳蒙皮以及新能源技术中的燃气轮机等，都有高技术陶瓷的足迹。

下面将主要介绍一下航天飞机“陶瓷外衣”的有关信息。

少年朋友大约都知道，地球周围包裹着一层稠密的大气。当航天飞机返回地球表面时，速度相当快，达到每秒50多千米。这样，航天飞机的外壳与大气层会产生剧烈的摩擦，它的头部产生的温度，竟能高达1万摄氏度。这一温度比太阳表面温度还高4000摄氏度呢！航天飞机如果不穿“陶瓷外衣”，就会被烧毁。就拿1981年4月12日美国发射的航天飞机“哥伦比亚号”所穿的那身“陶瓷盔甲”来说吧，它保证了“哥伦比亚号”绕地球飞行36圈后安全返回地面。在重返大气层时，不同寻常的“陶瓷盔甲”挡住了与空气摩擦所产生的高热，保证了飞行的顺利进行，为航天事业的发展立了一大功。

有关资料告诉我们，“哥伦比亚号”那身防热“盔甲”，主要是用

一种高技术陶瓷做成的，原料是纯度为99.7%、直径为1～1.5微米的石英纤维和相同纯度的胶体石英。在“哥伦比亚号”外壳上，共铺贴了34000块石英砖和其他防热砖，它被覆盖得严严实实，天衣无缝，因此，“哥伦比亚号”还得了个“飞行砖瓦厂”的雅号呢！在陶瓷“盔甲”的表面还均匀地涂了一层薄而致密的釉，釉中含有辐射散热本领极大的物质，它能把85%～90%的热量辐射到空间中去，剩下的10%～15%的热量，则被含有大量气孔和耐高温的石英砖隔绝。因此，尽管航天飞机的表面温度高达1260摄氏度，舱内的宇航员和仪器却能安然无恙，万无一失。

发动机的革命——无水冷陶瓷发动机

1990年8月的一天，骄阳如火，一辆“钱江”牌大客车进行了从上海到北京的往返运行试验，获得了成功。这辆车虽然貌不惊人，但是，它的心脏部位——发动机，却是我国研制的第一台无水冷陶瓷发动机。它的研制和试车成功，标志着我国成为继美国、日本之后第三个进行路试的国家。

无水冷陶瓷发动机是世界上最引人关注的课题之一。这是因为，在发达国家中，消耗原油的数量大得惊人，而其中用于交通运输方面约占42%左右。长期以来，人们在所使用的常规发动机中，喷入汽缸的燃油燃烧后所产生的热量，约有40%转变成机械能，有20%~30%由汽缸盖、汽缸套传给冷却水排出，其余的热量由排气和润滑油带走。

有关专家告诉我们，为了节约燃油，提高热效率，可以有三条途径：一是提高发动机的效率；二是减少发动机机械部件之间的摩擦；三是取消发动机空气或水冷系统。

介绍到这儿，有些急性子的少年朋友可能会问："哪些因素或条件才真正是提高发动机效率的关键呢?"

显而易见，提高发动机效率的关键是提高发动机的工作温度和改进燃烧条件。根据理论计算，发动机内的工作温度高达1300℃以上。这种高温环境，现有的所谓高温合金都无法忍受。由于高温结构陶瓷具有耐高温、低导热、高强度的特点，因此，对于未来发动机来说，

这种陶瓷将是唯一的材料。

我国科技人员的试验成果表明，采用高温结构陶瓷研制的无水冷发动机可以大大减少由汽缸盖、汽缸套传出的热量；由于免去了汽缸套、汽缸盖中的冷却水，因而可取消发动机独立的冷却水系统；同时通过增压器回收本来该排放的一部分热量。通过这些举措，可以使发动机的效率大大提高。

那么，无水冷陶瓷发动机有哪些优点呢?

第一，可以取消独立的冷却水系统，简化发动机结构，减少发动机的故障率（在过去，约有 20％的柴油机故障与冷却水系统有关)。无水冷陶瓷发动机能在高寒、沙漠或缺水的环境中使用。

第二，由于取消了独立的冷却水系统，因此也就不存在冷却水带走热量的问题了，从而使发动机热效率提高，耗油率大约可降低 5％。

第三，燃烧室温度升高以后，由于燃烧条件得到了改善，因而能使用多种燃料。

20 世纪七八十年代，美国、联邦德国、日本、中国先后开始研究用于发动机的高技术陶瓷。到 90 年代初，一些零部件，如电热塞、涡流塞镶块、增压器涡轮轮子、气门座等已实用化。这些零部件比原用部件有更大的功劳，更长的使用寿命。

据有关科学家预测，高技术陶瓷发动机将在 2000 年前后取得重大突破。这就意味着，发动机将引起一场伟大的变革，这也是高技术陶瓷对人类的一大贡献。

用途广泛的陶瓷滚动轴承

你了解轴承吗?

轴承大体可分为三种：滚动轴承、滑动轴承和电磁轴承。本文主要向大家介绍一下有关滚动轴承方面的信息。

滚动轴承是一种高度标准化的机械零件，有着多种尺寸规格和精

度等级的系列型号，可以在相当大的范围内满足各种机械对轴承的要求。由于滚动轴承的维护十分简便，因此得到了非常广泛的应用。

滚动轴承结构的最大特征是，在有相对运动的两个套圈之间放置有滚动体，因此，滚动轴承较之滑动轴承具有摩擦系数小、消耗功率少、效率高的优点。

讲得通俗一点，滚动轴承一般由外圈、内圈、滚动体和保持架四部分组成，过去通常用合金钢制造。20 世纪 90 年代中期，陶瓷滚动轴承已经问世。经试用表明，陶瓷滚动轴承具有以下优点：

第一，由于陶瓷几乎不怕腐蚀，所以，陶瓷滚动轴承适宜于在布满腐蚀性介质的恶劣条件下作业。

第二，由于陶瓷滚动小球的密度比钢低，重量更要轻得多，因此转动时对外圈的离心作用可降低40%，进而使用寿命大大延长。

第三，陶瓷受热胀冷缩的影响比钢小，因而在轴承的间隙一定时，可允许轴承在温差变化较为剧烈的环境中工作。

第四，由于陶瓷的弹性模量比钢高，受力时不易变形，因此有利于提高工作速度，并达到较高的精度。

国外已开发成功了在高温条件下采用固体润滑剂的陶瓷滚动轴承，也有利用液体或油脂润滑的特种钢与陶瓷组合而成的滚动轴承或全陶瓷滚动轴承。

至于谈到陶瓷滚动轴承的制造材料，主要采用氮化硅陶瓷。据有关资料报道，现代陶瓷中崛起的两颗新星——氮化硅和碳化硅都具有惊人的耐高温性能。氮化硅陶瓷在1400摄氏度，碳化硅陶瓷在1700摄氏度时，强度仍高达每平方厘米7000千克，而大多数金属这时早已软化或熔化成液体了。

第三章　令人放心的玻璃世家

据有关资料记载，早在5000多年以前，人类已经学会了制造玻璃。20世纪80年代初，考古学家在埃及发现了一座古墓。在古墓中，人们发现了一粒绿色的玻璃项珠。经专家鉴定，那是5000年以前制成的。这可以说是玻璃诞生的确切证明。这一记录是否会被打破，那就要看考古学家今后有否新的发现啦。

在当代，讲到玻璃，无人不知，无人不晓，人们都非常熟悉它。在我们周围，玻璃制品随处可见。随着科学技术的发展，各种新颖玻璃层出不穷，它们的奇异特性更使人叹为观止……

一、小偷无计可施

“玻璃”是“易碎”和“脆弱”的代名词，也是“玻璃”的本性。俗话说：“江山易移，本性难改。”

那么，玻璃的本性能改变吗?

近一个多世纪以来，材料科学家们经过多次试验，其中包括添加各种各样的其他成分，终于研制成功了形形色色的玻璃新产品，满足了各类人们的需要。

“万事事出有因。”材料科学家和厂商是怎么会想到要改变一下玻璃的本性呢?

现在，各种产品都时兴做广告。可以毫不夸大地说，当今的产品广告如果用“铺天盖地”来形容，那是最恰当不过了。

我国古代有一位卖“矛”和“盾”的商人，大肆鼓吹自己的“矛”和“盾”如何如何，也可以算是极具讽刺意味的广告吧!

在欧洲有一位玻璃厂厂长，为了宣传自己的玻璃制品，在为自己建造别墅时，嘱咐部下尽可能多地使用“全玻璃门”和“全玻璃窗”。

这样做，别墅的光线的确不错，同时也给窃贼以可乘之机。

有一天，一个小偷利用金刚石划破玻璃厂厂长的玻璃门，大摇大摆地进入各个房间，把一些贵重的东西都带走了。

原来，那位厂长光想到增加采光面积，却忘记了采取相应的保密措施，致使小偷多次“勘察”他家，到他家可谓熟门熟路。

偷窃事件发生以后，玻璃厂厂长除了对自己招摇过市的装修感到内疚以外，同时想到必须使玻璃结实些。

为了使玻璃经得起冲击和敲打，玻璃厂厂长给总工程师和技术科的有关人员布置了任务，限定他们在最短时间内研制出一种“结实玻璃”。

玻璃制造专家领受任务以后，提出了种种方案，最后还是从钢筋混凝土那儿得到了启发，他们决定研制一种“夹丝玻璃”。

顾名思义，所谓夹丝玻璃，就是在其内部夹有金属丝网的玻璃。由于夹在玻璃中的不锈钢丝很细很细，所以它不会影响玻璃的采光效果。试验表明，夹丝玻璃的牢度相当好。由于夹丝玻璃中的金属网对玻璃起了加强作用，因此，有效地克服了玻璃的脆性。

功能优异的夹层玻璃

在夹丝玻璃的启示下，20世纪90年代中期，科学家们又推出了一种当今新型的建筑材料——夹层玻璃。夹层玻璃与一般的建材玻璃相比，除了不褪色、光亮照人、抗风化性强、经久耐用、价格便宜等许多优点外，还具有独特的多功能特性，同时由于它非常坚固、适用性强，能解决许多建筑设计中的难题，因此越来越广泛地应用在现代建筑设计中，成为当今建材中的一颗明星。

所谓夹层玻璃，就是在两块或两块以上的玻璃之间，夹入塑料中间膜，再经加热和加压使玻璃与塑料膜粘结在一起而制成的新颖玻璃制品。

下面向少年朋友简单介绍一下夹层玻璃的几种优异功能及应用状况。

安全功能　在本章开头我们已经读到，玻璃的最大弱点是具有脆性。当受到意外的撞击或较大的震动时，玻璃就会碎裂，同时，散发开来的碎片容易伤害人体。这对建筑设计来说是一个很大的难题。

采用夹层玻璃就不必担心这个问题了。因为夹层玻璃可以减少碎片的散发以及对人体的伤害，即使在破裂的情况下，夹层玻璃仍能起着良好的保护作用。

玻璃由于透光性好，因此作为天棚的材料，是现代建筑设计中的一个热门课题。但关键是必须保证在任何情况下造成玻璃碎裂时，它的碎片不伤害人。能满足这种要求的，目前只有钢化退火玻璃和夹层玻璃两种。钢化玻璃在破碎时虽能保持形状完整，不易伤人，但是安装费用十分昂贵，此外，还需要附设不雅观的隔离罩，影响美观性。采用夹层玻璃就无须隔离罩，同时，安装费用也比较便宜，在安全性方面却比钢化玻璃高。

保安功能　我们在前面提到的那位玻璃厂厂长，如果他的别墅安装夹层玻璃，那就可以没有什么后顾之忧了。这是因为，夹层玻璃可以承受鎯头、撬棒、砖头、切割工具的破坏，甚至还能抵挡炸药的巨大震动和防御子弹的穿透。因此，夹层玻璃具有优越的保安功能，可以有效地防止盗窃犯的抢劫、暴力闯入、暴力袭击甚至枪击、杀害等，这是一般玻璃不可能具有和望尘莫及的。因此它不仅是一般居民住宅的建筑物所需要的建材，而且更是金融机构、商厦、重要的工业设施、博物馆、政府办公大楼、别墅以及外交使（领）馆等必不可少的建筑材料。

控制噪声功能　大家知道，对于建筑物来说，阻隔外界噪声的薄弱环节是窗户。正如窗户可让光线进入屋内一样，当然它也能让声音传入。因此，为了使建筑物有一个理想的令人满意的优雅声学环境，建筑设计师将窗户玻璃材料控制噪声和减声性能作为完整的空间设计的一部分同时加以考虑。

研究表明，夹层玻璃中的中间塑料膜具有减震的功能，因此，采用夹层玻璃，不仅能有效地阻止各种声音的传入，而且能对危害人体的噪声起到减声的作用，从而造就一个对人体健康有利的理想的声学

环境。

调节阳光功能　太阳光照射到物体上，被物体吸收后就会转变成热能，使物体的温度升高。因此，许多建筑物在设计时，都要考虑控制建筑物的吸热问题。紫外线是所有可见光线中对建筑物内的家具、器具、物品及地毯等损害最严重的光线。有人做过试验，它的损害力是其他光线的50倍，它会使家具、器具和物品等严重变色或褪色。如果采用夹层玻璃，就可明显减弱阳光的照射，不仅可防止耀眼眩光，而且还可将有害的紫外光拒之窗外。

对于养植花草的住户来说，夹层玻璃可阻断紫外光的透射，但对室内的花卉等植物的生长均无副作用。相反，夹层玻璃还有利于保护

植物的叶、茎、花、果，促进植物生长茂盛。因此，目前绝大多数的暖房和植物园都采用夹层玻璃来建造。

由于夹层玻璃具有以上众多的功能和优点，因此，它越来越受到当代建筑设计师们的注视和青睐。材料科学家深信，夹层玻璃的发展前景极为光明，开拓应用的道路也必将越来越广阔。

二、有利于保密的压花玻璃

玻璃的牢度有了保证以后，余下的就是保密问题了。

为了保密，凡是有玻璃的门窗，人们通常装上厚厚的窗帘。但是这么一来，室内的光线就会十分昏暗。

怎样才能做到采光和保密两不误呢？这时，玻璃制造专家想到了“压花玻璃”。

所谓压花玻璃，就是在玻璃上面有微微凹凸的花纹。玻璃表面虽然有立体感很强的花纹，但透明度较好：当光线透过压花玻璃时，会产生扩散现象，使里面的物体形象变形。人们站在离压花玻璃的不同距离上向房间内进行观察，所能看到的物体形象也各不相同。随着与压花玻璃之间距离的拉长，从外面向房间里看，看到的物体形象就越来越模糊。此外，由于压花玻璃花纹的不同，也会使透过的物体形象不尽相同。正因为压花玻璃有这一特性，所以，用它来做窗玻璃，既不会影响室内的采光效果，又使室外的人无法看清室内的情况。

介绍到这里，有些读者可能对压花玻璃的制作过程感兴趣，下面就稍许花点笔墨：

压花玻璃的制作颇像纺织品的印花。当玻璃熔体呈软化状态时，让它通过一对压花滚筒，于是，滚筒上的花纹就“印”到了玻璃熔体上。“印”有花纹的玻璃熔体再经后道工序处理，就成了人们所需要的压花玻璃。

三、幕墙玻璃绚丽多彩

上面我们已经谈到，有一位玻璃厂厂长，为了炫耀自己的财富和给本厂的产品做广告，他利用大量的玻璃制品为自己的别墅进行装修。玻璃工业发展到今天，这位厂长已是小巫见大巫了。自20世纪80年代开始，世界上许多城市都使用幕墙玻璃来装饰高楼大厦。在我国，近十几年来，使用幕墙玻璃的建筑犹如雨后春笋般地出现，使我国的城市美景显得更加绚丽多彩。仅就上海浦东陆家嘴金融贸易区而言，其幕墙玻璃建筑的数量和规模已不亚于美国纽约。

幕墙玻璃的由来

幕墙玻璃又称镜面玻璃幕墙。顾名思义，大楼的墙面不是传统的砖块或钢筋混凝土，而是平整如镜的玻璃。玻璃幕墙像玻璃镜幕一样，晶莹锃亮，它可以像巨大的镜子那样映出周围的景色。采用玻璃幕墙的高楼大厦，尽管体形十分庞大，但是，因为它四周都能映照出蓝天白云和夜色美景，仿佛整幢大楼都融合在天体之中消失了。人们观赏它，自有一番心旷神怡的感受。

那么，玻璃幕墙最早是谁想出来的呢？

说到玻璃幕墙的发明家，他便是美国建筑师密斯·冯·德乐。最早的玻璃幕墙，就是在20世纪40年代由他构想出来的。

1945年，密斯·冯·德乐为一位医生设计了一幢住宅，大胆采用玻璃作为外墙。这幢住宅建成以后，晶莹夺目，艳丽非凡，犹如一座“水晶宫”。遗憾的是，当时的玻璃透明有余，隔热不足，致使女主人抱怨万分：大热天被骄阳晒得要死，寒冬又使她冻得要命。在晴朗的日子里，强烈的阳光使人眩目难忍，不久，眼睛都出毛病了。当时有人这么评价：用玻璃幕墙建房“中看不中住”。建筑师密斯因此差点被

人咒骂得无地自容。至于他的生意，当然都一笔笔“吹”了。

后来，倔强的密斯不甘心失败，经过刻苦钻研，终于在 1952 年采用染色玻璃替代原先的无色玻璃，再次设计和建造了一幢 38 层的玻璃幕墙高层大楼——美国纽约的西格拉姆大厦。这一次，他成功了，声名鹊起。

从此，玻璃幕墙受到了人们的普遍欢迎，开创了建筑设计上的一个新纪元。

幕墙玻璃的发展

幕墙玻璃自诞生至今，已有70余年历史，它走过了一段崎岖曲折的道路。据有关资料称，幕墙玻璃是20世纪80年代国际上发展较快的新型建筑材料。1985年，欧洲共同体国家生产的幕墙玻璃材料为建筑玻璃的三分之二以上。在80年代，美国幕墙玻璃的产品已超过5000万平方米。在我国，由于近几年来建筑事业的迅猛发展，出现了“幕墙玻璃热”。据估计，全国生产能力已超过1500万平方米，各类幕墙材料不断涌现。

就它的工作原理而言，幕墙玻璃属于透明热反射材料，它允许在可见光波长范围内的光线优先透过，而对紫外和红外波段光线具有极强的反射作用，从而达到透光不透热的效果。在建筑窗户、车辆侧窗与顶篷、太阳能转换装置、节能灯、电烤箱以及航天器等方面，均有广泛的应用前景。不过，就它的使用数量而言，当首推建筑业。

在现代化高层建筑的外部，人们在装敷玻璃幕墙时，还采用了由镜面玻璃与普通玻璃组合，隔层充入干燥空气的中空玻璃。中空玻璃有双层和三层两种。前者有两层玻璃加密封框架，形成一个夹层空间；后者由三层玻璃封成两个夹层空间。中空玻璃具有隔音、隔热、防结霜、防潮等优点。经测量表明，当外界温度为零下10摄氏度时，单层玻璃窗前的温度为零下2摄氏度，而使用三层中空玻璃的室内温度为13摄氏度。在夏天，双层中空玻璃可以挡住90%的太阳辐射热。尽管阳光依然可以透过玻璃幕墙，但晒在身上并不感到炎热。所以，使用中空玻璃幕墙的建筑冬暖夏凉，生活环境相当舒适。

在我国，建筑装潢业推动了幕墙玻璃的发展，幕墙玻璃作为一种新型的建筑装饰材料方兴未艾。人们首先注意的是它们的艺术装饰效果，也为改革开放中的我国各大城市增添了光彩。

四、与众不同的微晶玻璃

在本章开头，我们已经提到，玻璃既“脆弱”又“易碎”，真可谓不堪一击。然而，20世纪50年代初，美国科学家开发成功了一种具有“钢筋铁骨”的新型玻璃，它的硬度比高碳钢还要硬呢。由于这种新型玻璃由微小的晶体组成，所以，科学家将它命名为“微晶玻璃”。

那么，微晶玻璃是怎样发明的呢？

忙中出错　歪打正着

说起微晶玻璃的发明，还有一则小故事呢！

有一天，有家闻名遐尔的美国玻璃制造公司打算研制一种感光玻璃。所谓感光玻璃，就是一种能感光显色的玻璃新品种。这种新型玻璃经紫外线照射感光后，再经过热处理，便能显示出美丽的影像，不但色彩鲜艳，而且永不褪色。

按照工艺规格的要求，感光玻璃热处理时的加热温度为玻璃软化温度以下50℃～100℃，保温时间为1～2小时。有一位研究玻璃的专家，把一块玻璃放入自动控制温度的电炉中加温，他把炉温调到了600℃。一切准备就绪，他关上炉门，接通电源，电炉即开始升温。

就在这时，突然传来一阵急促的电话铃声。原来，上司通知他立即去参加一个重要会议。按照实验室的规定，实验一旦开始，有关研究人员不得中途离开。但是，那位玻璃专家想，反正电炉有自动温控仪控制，于是，他未向上司报告实验室里的工作情况便离开了岗位。

当玻璃专家返回实验室时，由于自动温控仪失灵，炉内温度升到了900℃，他不由得大吃一惊。他赶紧打开炉门，所幸的是，玻璃没有熔融，而是直挺挺地躺在炉内。玻璃专家把它放在显微镜下进行观察，观察结果表明，在这块玻璃中，析出了大量的微小晶体，这就是世界上第一块微晶玻璃的诞生经过。真是“忙中出错，歪打正着”。

有些小朋友可能会问，玻璃中那些微小的晶体是怎样形成的呢?

少年朋友也许都知道，空气中的水汽要以尘埃作为凝聚的核心，才能形成水滴。同样，制造微晶玻璃也要有适当的核心。这就是说，除了玻璃的自身成分可以作为结晶核心外，人们在熔炼、制作微晶玻璃时，还要加入一些特殊原料。试验表明，金、银、铜等金属元素和氧化钛、氧化锆等氧化物也可作为结晶核心。此外，为了使玻璃析出晶体，还应具备温度和能量等方面的条件。

制作微晶玻璃的工艺的确很有趣：玻璃冷却成型后，如果用紫外线照射一下，就会在它的体内“长出”无数肉眼分辨不出的微小晶体，变成不透明的象牙色，因此人们亲切地把它叫做“微晶玻璃”。这种要经过紫外线照射才能制成的微晶玻璃，科学家们将它称为“光敏微晶玻璃”。而不用紫外线照射，只通过热处理制成的微晶玻璃称为“热敏微晶玻璃”。

目前，科学家们已研制出1000多种不同成分的微晶玻璃，它们的性能也各不相同。经测定表明，结晶的直径通常不超过2微米，只有头发丝粗细的几十分之一。

微晶玻璃的用途

观察天体 喜欢科普的少年朋友都知道，为了观察天体，需要有一台大型的反射式望远镜。但是，由于老式的反射式望远镜的凹镜是采用普通的光学玻璃制作的，这种玻璃会热胀冷缩，这样一来，凹镜的准确形状和精度尺寸都会因受气温的影响而发生变化，从而会大大影响天体望远镜的观察效果。

微晶玻璃受热胀冷缩的影响极小，所以，利用它来制作望远镜的凹镜，天体望远镜的精度就不至于因为气温的变化而受到影响。1978

年，我国利用微晶玻璃制成了凹镜直径为 2.2 米的反射式望远镜，安装在北京天文台，使我国进入了为数不多的能制造大型微晶玻璃凹镜的国家的行列。

航空航天　由于微晶玻璃既像铝那样轻巧，在高温下又不会变形，所以航空航天工程师看上了它。人们利用微晶玻璃来制作喷气式飞机发动机的喷嘴，以及用作火箭、人造地球卫星和航天飞机的结构材料。

机械工业　由于微晶玻璃的硬度极好，因此，可用来制造滚动轴承、压缩机和汽轮机的叶片、高速切削工具、刹车构件、热交换器、化工用泵和管道，以及其他要求耐磨、耐热、耐蚀的机械零件。

军事工业　微晶玻璃易于加工，材质均匀，制成后尺寸精确，因此在军事工业中也大有用武之地。例如，利用微晶玻璃来制作导弹头

部的防护罩，使导弹在高速飞行过程中能辐射大量的热，从而降低工业温度。因此，军事科学家将微晶玻璃誉为导弹头部的“保护神”。

其他方面 许多具有特殊性能的微晶玻璃，可以制作成人们所需要的器件。例如，有生物活性的微晶玻璃可以制成人工骨关节、人工牙齿等；有磁性的微晶玻璃可以制成电子计算机记忆元件；此外，还能制成厨房餐具和各种家用器皿等。

五、信息社会的神经——玻璃纤维

当今时代，人们无论是在生产、工作、学习和人际交往方面，还是在文化娱乐直至日常生活方面，全都实现了信息化。这些信息如何传递，一时成了通信部门研究的主要课题之一。

近二三十年来，有关专家经过研究和实践，他们寄希望于玻璃纤维。

信息传递方式的变迁

到过北京的少年朋友，想必一定去过长城吧?!

那一座座高耸在城墙之上的烽火台，便是我们祖先用来传递信息的设施：只要敌人一出现，守卫在长城上的士兵即刻把烽火台上的柴火点燃，后方的烽火台一看到前方的烽火，也立刻把准备在那儿的柴火点燃，这样，很快就把敌人来犯的信息传递到军事指挥部。于是，指挥官及时调兵遣将，抵御敌人的侵犯。这种通信手段比起马拉松长跑的创始者——希腊士兵斐迪辟从马拉松一直跑到雅典报告胜利喜讯的方式，当然要先进得多了。

随着时代的发展，信息传递方式不断变更，例如，利用鸣枪的方式将前方的信息传递回来，等等。但是，这些通信方式都满足不了时代的需要。于是，人类发明了电话、电报和传真设备。从此，人们有了“千里眼”和“顺风耳”。可是，到了当代，这些设备又无法适应新时代的需要。主要是因为现有设备的通信能力有限，满足不了日益增长的信息传递的需要。例如，在一对电话线上，最多只能通用1800路电话，而且还要耗费大量贵重的铜等金属材料。

这时，科学家们把玻璃请上场了。他们把玻璃提炼得很纯很纯，拉成很细的丝，比人的头发丝还要细呢。如果把它切断，可以看到像胡萝卜那样的断面，中间的芯和外面的皮是分别由两种不同的玻璃材料做成的。这就是人们常说的玻璃纤维。玻璃纤维又叫光导纤维。

说出来少年朋友也许不信，光导纤维的本领大着呢！它能够在刹那间，把光传送到千里之外。它从根本上改善了普通电线的通信能力。一根光导纤维可以同时让数万路电话通话，可以传递2000路电视节目。怪不得有人开玩笑说，到21世纪，邮递员可要失业了。因为人们坐在家里，就可以把信件和照片变成电信号原原本本地拍发给远方的亲朋好友。你说，到那时，还需要邮递员冒着严寒酷暑到处奔波吗?

光导纤维的优越性

光导纤维与利用普通电缆的电气通信相比，具有许多优越性。

首先，通信容量比电气通信大10亿倍。光纤通信不仅可用来传送电话、图像，它与数字技术及电子计算机联网后，还可用来传输数据、控制电子设备和智能终端等。它将深刻地影响到社会生活的各个方面。因此，有人把光导纤维比喻为信息社会的神经。

其次，制造光导纤维用的基本材料是地球到处都有的石英，因而能节约大量宝贵的有色金属铜和铝。光导纤维做成的光缆重量很轻，又很柔软，铺设起来很方便。信号在光导纤维中传送时损失很小，通信中继站距离很长，这就意味着，光导纤维通信系统的投资可大大降低。

此外，光导纤维不怕闪电打雷，不怕窃听，保密性好，不怕潮湿和化学腐蚀。

由于光纤通信具有这么多优点，因此已受到世界各国的高度重视。发达国家都把发展光纤通信列为一项重要的技术政策，国内长途通信干线及跨国、洲际海底光缆通信系统已相继建成并投入使用。

光导纤维的用途

发达国家实现了大容量光纤通信以后，不仅能满足一般的电话、电视、数据等通信的需要，而且还出现了许多新的为公众服务的通信业务，如城市的生活电视服务中心等。这个中心通过光缆连接着每个家庭的终端设备。中心有一个文字、图片资料的储存库，居民可共享诸如每天的重要新闻、天气预报、文体活动、商品价格以及交通时刻表等大量信息，同时还可通过光纤通信系统点播电视节目。光纤通信电视机可以当作电视传真电话使用。通话时，你可以看到我，我也可以看到你。这种电视传真电话，还可以用于电视教学。目前大多数的电视教学，只能是教师在电视中上课，学生在电视机前收看，相互不能提问。如果采用光纤“双向性”电视，与在学校教室里教师、学生面对面上课的情况就没有什么两样了。这个服务中心还可以进行电视诊断和治疗疾病。某用户患病时，通过光导纤维通信系统将病人的体温、血压和脉搏等数据传送到医院，医生的诊断结果和开出的处方也可通过光导纤维通信系统传送到病人家中的终端装置上。如果遇到疑难杂症，还可进行电视会诊呢。

至于光纤通信小系统，它的应用范围之广更不胜枚举。例如高压电力网、电气化铁道、公共交通、广播电台、大型企业内部的遥控与管理、计算机网络等，甚至在一幢高层建筑内部、一艘大轮船上、一架大型客机内都可以采用。

光导纤维作为敏感器件来应用，也可以使它充分展示自己的“才

能”——利用光导纤维制成五花八门的“千里眼”、“顺风耳”，在对人有危险的场所起到人的耳目作用，或者能超越人的生理界限，感知到人的感觉器官不能感受到的外界信息。例如能测量2000℃高温的光纤温度计，用于监视上百万伏高压输电线路和设备安全运行的光纤电流传感器。石油或天然气储罐往往会发生极微小的裂纹，如果不能及时发现，就会酿成重大事故，因此要安装一台光纤传感器，在储罐产生微小裂纹前，检测出储罐的形状和尺寸的微小变化，防范于未然。

至于光导纤维在广告橱窗、商品陈列、公共场所、展览用标志板、导向板、日用品、玩具、手工艺品等方面的应用，更是琳琅满目，繁花似锦。

展望未来，光导纤维这项新技术前途无限广阔，它的应用将更加灿烂。

六、不会爆裂的玻璃钢

少年朋友大都知道，氧气瓶是一种耐高压的容器，它所承受的工作压力为150千克/厘米^2。为了使用安全，制造时，往往要求它能承受3倍的工作压力，也就是450千克/厘米^2。在这一工作压力下不爆裂，才算是合格的氧气瓶。有时候，人们要求氧气瓶能忍受的压力更大，要达到600千克/厘米^{2}以上，远远超过通常的设计标准。

那么，用什么样的钢材才能满足这种高压要求呢？

很显然，用普通钢材非爆裂不可。为此，材料科学家研制成功了一种特殊的材料，它可以满足我们的要求，这种材料叫“玻璃钢”。所谓玻璃钢，是由玻璃与塑料复合在一起制成的。

在本章开头，我们就已经提到，玻璃是一种硬而脆的材料，一摔就碎。由玻璃钢制成的氧气瓶能经得起摔吗？

材料科学家利用玻璃钢氧气瓶做过一次破坏性试验：将一只玻璃钢氧气瓶充气到150千克/厘米^2，然后让它从山顶上滚下山谷。这只玻璃钢氧气瓶与嶙峋的岩石剧烈地碰撞着。试验结果，氧气瓶一直滚到谷底，仍然没有爆裂。

经测试表明，一般玻璃的耐拉强度只有普通钢材的八分之一。当我们把玻璃熔化，拉成只有头发丝直径的十几分之一时，那么细的玻璃纤维，它的耐拉强度可增加十几倍。

大家知道，水泥块耐压，钢材耐拉。用钢材作筋骨，水泥砂石作肌肉，让它们凝成一体，互相取长补短，就会变得坚强无比。这就是我们平时经常见到的钢筋混凝土。

根据这一原理，我们用玻璃纤维做筋骨，用合成树脂作肌肉，让它们凝成一体，这样制成的材料，它的抗拉强度可以与钢材相媲美。因此，人们称它为玻璃钢。

玻璃钢是近30多年来发展迅速的一种新颖材料。它既坚韧，但又比钢材要轻得多。目前，喷气式飞机上用玻璃钢来做油箱和管道，可大大减轻飞机的重量。登上月球的宇航员，他们身上所背的微型氧气瓶，也是用玻璃钢制成的。

玻璃钢加工容易，不锈不烂，无须油漆。我国已广泛采用玻璃钢来制造各种小型汽艇、救生艇及游艇，节约了不少钢材。化工厂也采用玻璃钢来代替不锈钢制作各种耐腐蚀设备，大大延长了设备的寿命。

玻璃钢还为提高体育运动水平立下了汗马功劳哩！从1942年至1957年，在这15年间，因为没有理想的撑竿，撑竿跳高的世界纪录仅仅提高了1厘米。新的玻璃钢撑竿出现以后，由于它既轻又富有弹性，从而使记录直线上升。至90年代初，撑竿跳高的世界纪录已由1957年的4.78米提高到6.09米。

第四章　20世纪的宠儿——塑料

在高分子材料世家中，有一个家喻户晓的后起之秀——塑料。

什么是塑料?

塑料是以合成的或天然的高分子化合物为主要成分，可在一定条件下塑化成形，产品最后能保持形状不变的材料。大多数塑料以合成树脂为基础，通常加入填料、增塑剂、着色剂等。根据受热后性能的变化，塑料可分为热塑性和热固性两种。前者主要具有链状的线型结构，受热软化，可反复塑制；后者成形后具有网状的体型结构，受热不能软化，不能反复塑制。塑料一般具有质轻、绝缘、耐腐蚀、美观、易加工等特点，可作绝缘材料、建筑材料及各种工业的构造材料和零部件，也可制作各种日用品。

塑料出世较晚，但是它很快便成为20世纪的宠儿。它已渗透到人们生产和生活的各个方面，构成了一个五彩缤纷的世界。

一、会自动分解的塑料

在当今世界上，塑料随处可见，塑料袋、塑料面盆、塑料衣架、塑料台布、塑料地毯、塑料凉鞋、塑料雨衣、塑料花等，红、橙、黄、绿、青、蓝、紫，七彩纷呈。但是，塑料制品一旦破损，要处理这些塑料垃圾十分不易，因此，人们希望生产一些会自动分解的塑料。

塑料垃圾的危害

化学专家指出，作为高分子化合物的塑料，需要 200 至 400 年才能分解掉。问题的严重性还在于，如果将塑料袋或一次性快餐盒之类的塑料制品丢弃或掩埋在土壤中，会妨碍农作物的生长。据测算，在每亩土地中残留塑料垃圾 4 千克，会使玉米减产 11%～23%，小麦减产 10%～16%，大豆减产 6%～10%，蔬菜减产 15%～60%。

在我国，近两三年来，残留在全国农田里的废盒、废膜已达几十万吨。仅 1994 年，我国全年使用的塑料餐具，按表面积累计，就达 335 平方千米，按此推算，两年就可以覆盖一个新加坡。这些塑料餐具如果被牲畜误吃，轻则消化系统得病，重者死亡。在上海动物园，就发生过一起类似事故：一头正值哺乳期的长颈鹿，由于误食了游客掷给的塑料袋而导致死亡。将塑料垃圾抛入海洋，被鱼类吞食，也会产生同样的后果。要是将塑料垃圾焚烧，则会释放大量的有毒气体。

塑料垃圾的无害处理已成为当今世界的热门研究课题。随着生活水平的提高，人们对食品包装惟“塑（料）”惟“化（学）”的抵抗心理越来越强烈。为此，许多国家和地区都颁布了禁止使用塑料制品包装食品的法令法规，并积极运用化学技术，试制一大批新型的可分解塑料，或者代用品。

会自动分解的塑料

在世界各国，无论是政府，还是民间企业，对于可溶性塑料的研究、开发活动都十分重视。科学家们利用淀粉、纤维素、壳多糖等天然多糖类作为原料来生产会自动分解的塑料。这一类塑料在土壤中会很快分解。

关于塑料的分解途径，目前主要有两种：一是通过土壤中的微生物进行分解；二是通过阳光的作用，使高分子链断裂，最后变成二氧

化碳和水。

在当代科技条件下，可分解塑料的生产方法有三种：一是利用微生物生产；二是利用木材以及农业、林业加工业的残余物质来生产；三是化学合成法生产。虽然可分解塑料的生产成本还比较高，但是，由于它不会对环境造成污染，所以不少国家已投入小批量工业化生产了。80 年代末期，美国可分解塑料的消耗量为 13.7 万吨，大部分用作包装材料。

英国有一家化学公司发明了一种新型的可分解塑料。这种新型塑料不仅具备以往一些塑料的优点，如经久耐用，稳定防水等，而且像

自然界中许多有机物一样，能迅速有效地分解成为对人和环境无害的二氧化碳和水。

美国杜邦化学公司研制成功了一种可分解的塑料，它是由可再生的资源，如干酪乳清和玉米制得的。在有水分、空气和菌类存在的情况下，干酪乳清和玉米经过半年左右就可分解为水和二氧化碳。这一类新型塑料制品用于快餐业和食品工业的餐具或包装材料，是十分理想的。

国外还生产了一种光解塑料，它的外观呈微绿色，可作为包装箱内的疏松填充材料。这种塑料经过阳光照射后，就会变成粉末。

塑料代用品方兴未艾

目前，也有一些专家对淀粉塑料在内的可溶性塑料抱有不同的看法。他们认为，这些塑料的分解过程并非那么理想，半年之后，75％

~95%的塑料还残存手掌大小的块状物；在分解过程中也会释放出一些有毒的废物；这种塑料的合成方法复杂，成本较高。

因此，一部分专家认为，寻找与制作塑料代用品，是消除或减少塑料垃圾的又一条新思路。例如，日本、美国、奥地利、意大利及我国台湾省，已研制并生产出一批以植物材料制成的餐具。1994 年 2 月，在挪威举行的冬季奥运会上，就全部使用了可食性餐具。

不久以前，我国大连绿洲食品包装有限公司也开发了一种以纯天然纸浆为原料的一次性快餐盒。这种“纸模餐具”真正做到了“来自自然，回归自然”，用毕即使废弃在大自然中，7 至 15 天内就能完全分解，在分解过程中不残留任何有害物质。

二、功能各异的塑料薄膜

近一二十年来，塑料薄膜的发展十分神速。它不仅表现在色彩方面五彩缤纷，而且在功能方面可谓八仙过海，各显神通。

能增产的农用塑料薄膜

要是你来到种植蔬菜的温室，见到那一大片一大片翠绿欲滴的各种鲜菜，一定会被农艺师和菜农们的出色工作所感动。谦虚的菜农一定会告诉你：这里也有塑料薄膜的一份功劳。

农艺师们经研究后发现，许多蔬菜喜爱特定波长的反射阳光。如果改变农用塑料薄膜的颜色，就能使蔬菜增产。

在过去，普通温室的塑料薄膜多为白色或黑色。科学研究表明，用红色塑料薄膜覆盖在番茄上，比用黑色薄膜可增产约13%，并且果

实质量上乘。马铃薯却特别喜欢白色塑料薄膜，使用它可增产25%。不过，由于品种不同，蔬菜对塑料薄膜也有所偏爱。例如，有的马铃薯喜爱覆盖红色和蓝色塑料薄膜，虽然亩产与覆盖白色塑料薄膜不相上下，但结出的马铃薯质量有所区别，由红色和蓝色塑料薄膜庇护的马铃薯质量更佳。研究人员还发现，无论是大田种植，还是庭院（温室）栽培，使用有色农用塑料薄膜的效果完全相同。

可节能的窗玻璃塑料薄膜

有一种窗玻璃塑料薄膜，看起来与普通透明的塑料薄膜没什么两样，但将它贴在玻璃窗上，却可使通过玻璃散失的热量减少三分之一，使单层玻璃起到双层玻璃的作用。显而易见，这是一种新颖的节能材料。这种窗玻璃塑料薄膜能透过72%的可见光，可将房间里物体发射的72%的红外线反射回去，这样就能减少热损失。

还有一种窗玻璃塑料薄膜是半透明的，能将窗外射进来的太阳光中79%的红外线反射出去。在夏天，贴有这种窗玻璃塑料薄膜的房间，室温下降，可节省30%的空调费。这种薄膜还能反射86%的太阳光紫外线和82%的可见光哩！使用它效果奇特：在室外，看不清光线较暗的室内；而在室内，却可以看清光线较强的室外。你瞧，它不是可以代替窗帘了吗？

再有一种窗玻璃塑料薄膜，它的强度很高，贴在玻璃上，可大大提高玻璃强度。有人曾用100磅重的铅砂袋猛击贴有这种薄膜的玻璃，结果玻璃并没有被击碎。试验还表明，即使遇到更大的冲击或因地震将玻璃震碎，玻璃也不会四溅伤人。所以，用这种塑料薄膜贴在大商店的玻璃橱窗和住宅的落地玻璃门上，人们就可解除被玻璃伤害的后顾之忧了。

多才多艺的压电塑料薄膜

压电塑料薄膜像一张透明的食品包装纸，但它具有压电效应。在压力作用下，薄膜表面会出现电势差。这种薄膜的用途相当广泛。它的特点是，能将一种能量转变成另一种能量，但又不消耗其他外来的能源。如果把压电塑料薄膜用在一种音响设备的微型扬声器和话筒上，能将电信号转换成发声振动，又能将发声振动转换成电信号。压电塑料薄膜还有热电转换特性，当它感受到热时，会产生电流。所以，可用它来制作火警预报装置，以及对人体温度极敏感的夜盗报警器，

届时小偷尚未伸手，即会警铃大作。

压电塑料薄膜还可用来制作海洋潮汐发电机、风力发电机以及放在手腕上的血压计，甚至可以包在潜艇外壳上，制成高灵敏度的声纳装置；可以使机器人具有“知觉”，像真人般地行动；也可以用来制造有知觉的人造皮肤。你瞧，压电塑料薄膜的用处不少吧！

有利于安全的回归反光塑料薄膜

现在有一种回归反光塑料薄膜，它具有特殊的反光性能，能用来制作自行车尾灯和各种交通标志。一束入射光，在一定角度范围内任意投射到这种薄膜上，就会在入射光的周围形成圆锥形的反射光。当汽车前灯照射到回归反光塑料薄膜上时，由于反射层呈弯曲状，光线不会散射，而总是经玻璃微珠汇聚射出。入射光由某方向射入，反射光则必沿原方向成光锥反射回去，因此称为回归反光。

回归反光塑料薄膜有“黑夜里的交通警”的美称，在国外自行车上用得很普遍。它不仅应用于自行车尾灯，而且还普遍应用于机场、港口码头、道路行车标记上，在交通安全方面发挥着巨大的作用。

在国外，回归反光塑料薄膜还应用于某些会议室、剧院、厂房等的标志方面。甚至别出心裁地应用在广告宣传上，广告牌在周围四面八方的光线照射下，让人们从各个方向都能看到它，而不像霓虹灯那样需要消耗大量的电能。

能挡雨雪的高强度塑料薄膜

1968 年，在法国巴黎的一次展览会上，建筑师大胆地建造了一座充气建筑。人们首先利用高强度塑料薄膜做成像农村冬季种植蔬菜的塑料大棚的模样，尔后往里面充气，使里面的气压稍高于外边大气压一点点，于是，塑料薄膜就鼓起来了。这种既新颖又别致的房子，一下子招徕了许许多多观众，轰动了整个展览会。随后，世界上许多国家的建筑师都纷纷仿效。

20 世纪 60 年代末，美国有一所大学，建造了一座充气式的大型体育馆，里面有 8 万个座位，连大型的足球比赛也可以在里面进行，而且根本不会受外面风雨的侵袭。我们平时形容房子小，常说“螺蛳壳里做道场”，表示场地太小，活动不开来。现在，“气球”内居然可以踢足球，简直无法想象。其实，还有更大胆的建筑。例如，法国有位建筑师就设想过，采用充气屋顶把偌大一座巴黎城笼罩起来。充气屋顶的跨度达几十千米，算得上是世界之最了。高强度塑料薄膜可以做成透明的，所以它即使架在巴黎市上空，从地面望上去，仍然是蓝天白云，丽日当头；只有风霜雨雪，再也不能对地面上的生灵肆虐逞强了。

总而言之，塑料薄膜的用途越来越广泛，有些用途是我们从来没有想到过的，在此不一一列举了。

三、塑料能导电吗

你听说过导电塑料吗?

一般认为，塑料是一种很不错的电绝缘体。的确，绝大部分的塑料都具有优异的电绝缘性能，因此，你在家里可以见到塑料做成的电线包覆、插座、插头以及电器外壳等。如果塑料能导电，那么，我们当中有许多人不就随时有触电的可能?!

但是，不知你是否了解，在这一般认为不能导电的塑料家族中，却出现了一批让人看不懂的新成员，这就是“能导电的塑料”。

导电塑料的发现

20 世纪 70 年代初，在日本东京技术学院的一个实验室里，有一名研究生想利用普通乙炔制造一种叫做聚乙炔的塑料。这种塑料是一种黑色的粉末，在 1955 年首先合成，但是，没有人了解它更详细的情况。这位研究生在 70 年代所合成的却不是一种黑色粉末样的塑料，而是一种有银色光泽的软片，看起来像铝箔一般。这时候，这位研究生才知道自己犯了一个错误，他所加入的催化剂比按规定多了近 100 倍。因此，他合成的聚乙炔与其他聚乙炔相比完全不同。1977 年，日本东京技术学院与美国明尼苏达大学的专家们共同探索这种新颖塑料。后来，当他们把碘掺入这种材料时，获得了振奋人心的成果。这种柔软的银色软片变成了金色的薄片。这种新材料的导电性随之提高了 1 亿倍。从此以后，科学家们发现，有 10 多种塑料，当人们对它们进行掺和时，都会发生类似的变化，并呈现出导电性。由于塑料导电性的提高，加上它们又易于成型，因此一下子成了材料科学家们的“宠儿”。

更上一层楼

当时，日美科学家利用掺杂法，使塑料的导电率取得令人震惊的成果。不过，塑料的这一导电率还只够“半导体”的水平，离真正的金属导体的水平尚有一段距离。

科学研究有时候犹如田径场上的接力赛跑。联邦德国的科学家们，接过日美科学家手里的“接力棒”，将获得的导电塑料进行特殊的熟化和拉伸取向处理，将处理好的塑料薄膜再进行掺杂试验，结果，这种新颖塑料的导电率又提高了3个数量级，这时，新的塑料达到了“真正导体”的指标。

大家知道，在金属中，金和银是最佳导体，而广泛应用的是居第三位的铜。联邦德国科学家所试制成功的新颖塑料的导电能力已与铜相近了。

后来，经过其他科学家的不断试验，使新颖塑料的导电能力超过了铜，使它成了真正的导电塑料。

导电塑料的应用与前景

关于塑料导电性的研究，科学家们差不多花费了将近30年的时间。然而，“功夫不负有心人”，上面所提到的聚乙炔仅仅是导电塑料家族中的“老大哥”，后来，又诞生了许许多多小弟弟、小妹妹，它们中间包括：聚苯胺、聚噻吩、聚吡咯、聚对苯乙炔、聚对亚苯基以及它们的表兄弟、表姐妹等。

对于导电塑料的研究无论是在所开发的品种上，还是在导电性能等方面都取得了长足的进展。更令人可喜的是，在应用方面，已有不少成功的范例。

由于导电塑料吸收光谱的本领与照到地面上的太阳光几乎不谋而

合，也就是说，导电塑料能把太阳光中几乎所有的能量都吸收下来，因此，它是制作太阳能电池不可多得的材料。

导电塑料在掺杂、脱杂过程中，会经历从绝缘体到导电体之间不同程度的变化，这种变化同时导致吸收光谱的变化，于是，塑料的颜色也随之发生变化，据此，可用来制作电致变色显示元件等。

目前，透明导电塑料已成为透明导电膜的首选材料。我国科学家与国外专家合作，利用某种导电塑料制成了发光二极管。美国则已把导电塑料用于隐身飞机。此外，导电塑料在传感器和催化等方面也大有用武之地。

在当代，科学家们正满怀信心，并且预言：在21世纪，对导电塑料的研究必将有新的突破性进展。

导电塑料全方位地造福于人类的日子已经为期不远了。

四、用途广泛的发光塑料

你见过发光塑料吗？

在过去，要是你去电影院的路上遇到堵车或碰到其他突发事件，当你步入电影院时，电影已经开映，那时，你只好摸着黑前进。快到坐位时，再由电影院的工作人员利用手电筒告诉你具体的位置。现在，不少电影院和剧场的坐位牌都是用发光塑料做成的，这样，人们即使迟到了，也能很快找到自己的坐位，不必再由工作人员为你导引了。不仅如此，目前，在许多城市中，街道上的路牌、路标、交通示意图等也都是由发光塑料做成的。

在当代，随着生活水平的不断提高，人们越来越重视对自己居室的装潢。现在，不少家庭的居室都用上了发光塑料。例如，利用发光塑料制成了门的把手，当夜晚回家时，将能很快发现门上的钥匙孔。

有些家庭的电灯开关、电铃按钮、电话键盘等也都是由发光塑料制作的，这样，使用时就方便多了。

有些少年朋友可能会问："塑料是不会发光的，那么，发光塑料的光从何而来?"

的确，发光塑料之所以会发光，并不是由于塑料本身引起的，而是由加入塑料里面的一种能发出荧光的物质所引起的。有些金属化合物和一些所谓发光的染料以及其他一些物质，在经过紫外线或其他短波射线的激发后，就会在一定时间内，具有在黑暗中发出荧光的能力，例如硫化锌、硫化钙等就是这样一类物质。

有些夜光表的表面和指针，就涂有被紫外线激发过的、像硫化锌这类物质的细粉。在制造透明塑料的时候，假如搀进一些放射性物质及一些发光物质，例如硫化锌、硫化钙等，那么，放射性物质不断发射出来的放射线，就能使硫化锌等受到激发而发出光来，这样，发光塑料就研制成功了。

发光塑料的用途很广，除了上述几种用途以外，它的最主要的用途，还是制造多种控制设备和仪表上的标线和指针。例如，汽车在夜间行驶时，如果为了让司机看清汽车中的各种仪表而装入光度较大的灯泡，就会刺激司机的眼睛，使他看不清路面的黑暗部分；但是如果灯泡光度太弱，司机又难以看清全部仪表。如果仪表的指针和标线是用发光塑料制成的，那么，所有问题就迎刃而解了。

发光塑料对于部队更为实用。在战争时期，在防空洞和掩蔽部里，如果有几种用具是由发光塑料制成的，那么，一旦被敌人切断了电源，也可使防空洞和掩蔽部里仍然具有足以分辨周围物体的光线。

目前，根据发光塑料的原理，人们已经研制成功了发光搪瓷、发光玻璃、发光油漆、发光脸盆、发光铅笔、发光粉笔、发光墨水、发光混凝土和发光布等发光用品。

研究表明，人们只要改变发光塑料中所含的荧光物质的数量和种类，就可以调节发光塑料的发光强度和发光的年限了。

五、像面包一样的泡沫塑料

我们如果往某些合成树脂中加入一种“发泡剂”，并加热塑制，发泡剂因受热分解就会放出许许多多小气泡，使塑料像面包一样充满小孔，这样，泡沫塑料就制造成功了。它的原理就像家里自己做面包或馒头一样，往面粉中加入适当的“发酵粉”，就可以做成松软喷香的面包或馒头。

泡沫塑料非常轻盈。大家知道，1 立方米的水有 1000 千克重，而 1 立方米的泡沫塑料却只有 10 千克～50 千克重。目前市场上出售的软泡沫塑料，1 立方米的重量甚至还不到 20 千克呢！

饶有趣味的是，只要利用不同的合成树脂作为原料，就可以随心所欲地改变泡沫塑料的软、硬度。

有一类软泡沫塑料，它软得连泡沫橡胶也甘拜下风。在 1 立方米这种软泡沫塑料上，平均地加上 40 吨压力，这时，它就会被压得只有原体积的三分之一。但是，压力一解除，它又会恢复到原来体积的 97％左右。更令人钦佩的是，泡沫塑料不像橡胶那样，会因为“年龄”的增长而发生变脆和龟裂等“老化”现象。有一类硬泡沫塑料，却生得异常结实和坚硬，很像木材，可以经受相当大的压力，因而获得了“化学木材”的殊荣。

因为泡沫塑料具有隔热、隔音、电绝缘以及不透水等优良性能，所以有相当一部分泡沫塑料，是作为隔热、隔音材料，用于冷藏车、冷藏库、广播电台、电话局和影剧院的首选建筑材料的。而充满泡沫塑料的胶合板或金属薄板，还是制造飞机、船舶用的轻便而坚固的结

构材料呢！

有一种泡沫塑料可以制成特殊的“橡皮”，实际上，那只是一块吸有特殊溶剂的泡沫塑料。当用它来擦图纸上或练习本上多余的字迹时，溶剂就从泡沫塑料的小孔中流出来，将墨汁溶解并又立即吸进泡沫塑料之中。最奇妙的是，这种泡沫“橡皮”能使墨汁脱色，使擦过的图纸或练习本上的纸张光洁如新，没有任何毛糙的痕迹。

泡沫塑料强大的浮力和不透水性，使它成为制造救生艇、救生圈的理想材料。一艘可供20人使用的泡沫塑料小艇，通常只有25千克重。即使小艇出现了漏洞，甚至充满了水，小艇也不会下沉。因为它的比重很小，即使加上乘客的重量，也不会比水的比重大，因而它不可能沉没。

用硬泡沫塑料制造的家具，既轻巧又耐用。它还可以用来建造临时住房，全部用硬泡沫塑料装配而成的房屋，重量很轻，既便于拆卸，又便于搬迁。用泡沫塑料制造的住宅屋顶，比瓦片经济得多，且隔音保暖，冬暖夏凉。

在医疗方面，硬泡沫塑料还可以代替石膏绷带。石膏完全硬化通常需要两天时间，而且取下石膏又很麻烦。而利用硬泡沫塑料做成的“绷带”能可靠地将骨折的断端固定起来，且只需几秒钟功夫就可以“穿上”或取下。因为它是用拉链将两片“绷带”合上的，所以非常方便。

六、世界上最光滑的材料

人们通常以“平面如镜”来形容水面之平静。这是因为，在人们的心目中，玻璃大概是世界上最平滑的材料了。然而，科学研究表明，假如我们把玻璃的表面放大几千倍，在显微镜下去观察，你就会惊奇地发现，玻璃的表面也是非常毛糙的。化学家们在用玻璃仪器做某些非常精密的实验时，就常常抱怨玻璃的表面太毛糙了。医院化验师在做血液的某些精密检查时，也时常担心玻璃的表面会将血小板和血球“擦破”。

经过科学家们的不懈努力，他们终于发现，某些硅树脂形成的薄膜，它的光滑程度远远胜过玻璃。只要在玻璃上涂一层硅树脂，就可以使玻璃的表面变得更光滑。少年朋友也许会问：在世界上还有没有比硅树脂更光滑的材料呢？

回答是肯定的。有一种新颖的塑料，那就是大名鼎鼎的聚四氟乙烯塑料，它已被誉为“世界上最光滑的材料”。

有些少年朋友也许会进一步刨根寻底：那么，聚四氟乙烯塑料到底有多光滑呢？

为了说明聚四氟乙烯塑料的光滑程度，材料科学家曾经做过这样

一个小实验——

将一块用聚四氟乙烯塑料制成的织物铺在桌子上，只要它有一小角悬出桌面之外，那么，整块织物就会慢慢地滑到地上。织物的一小角悬出所产生的重力一般来说是很小的，可是，在这里，它已经能够克服织物与桌面之间的摩擦力，使织物“溜”到地上了。

聚四氟乙烯塑料有许多可贵的性质。它在液态气体中不会变脆，在沸水中不会变软，在－269.3℃的低温到 250℃的高温条件下都可应用。聚四氟乙烯塑料耐腐蚀的本领特别强，无论是强酸浓碱，例如硫酸、盐酸、硝酸、王水、烧碱，还是强氧化剂，例如重铬酸钾、高锰酸钾，都不能动它半根毫毛。聚四氟乙烯塑料的化学稳定性超过玻璃、陶瓷、不锈钢以至黄金和铂。聚四氟乙烯塑料在水中不会被浸湿，也不会膨胀，把它放入水中浸泡一年，重量也不会增加。只有熔融的碱金属、三氟化氯与元素氟这三种具有强腐蚀性的化学物质，才能在高温下侵蚀聚四氟乙烯塑料。

这种异常光滑的塑料，有许多奇妙的用途。例如，它可以制成无须加润滑油的轴承。当面粉、化肥或砂糖等通过管道要装入袋中时，如果在管道的内壁贴上一层用聚四氟乙烯塑料制成的织物，那么，这些粉状或粒状的物质就会流动得更快。在滑雪板上贴上一层这种塑料，滑雪时就会感到非常轻松，速度也可大大提高。

现在，人们已利用聚四氟乙烯塑料来制造低温设备，用以贮藏液态气体。在化工厂里，人们利用它来制造耐腐蚀的反应罐、蓄电池壳、管道及过滤设备。在电器行业方面，在金属裸线上包上15微米厚的聚四氟乙烯塑料，就能较好地使电线彼此绝缘。在医药工业上，人们利用聚四氟乙烯塑料制造人工骨骼、软骨及外科器械。因为聚四氟乙烯塑料对人体无害，因此可以用酒精、高压锅加热等方法对人工“零件”和外科器械进行消毒。

由于聚四氟乙烯塑料表面非常光滑，所以，它对任何物质的粘着力都很小，即使是糨糊，也无法粘在它上面。饶有趣味的是，假如人们利用聚四氟乙烯塑料来制造自来水笔，那么，在墨水瓶里吸好墨水以后，根本用不着拿纸来擦净笔杆和笔尖，因为聚四氟乙烯塑料滴水不沾。

第五章　前途无量的纤维家族

纤维材料对于人们来说，可谓司空见惯，近至现代生活、现代家庭，远至上天入海，都离不开纤维材料。

关于纤维材料，通常分为天然纤维和化学纤维两大类。天然纤维又可分为天然纤维素纤维，例如棉、麻，以及天然蛋白质纤维，例如羊毛和蚕丝。化学纤维则包括人造纤维和合成纤维两类。

天然纤维大家容易理解，在这里，主要向大家介绍一下合成纤维。至于说到合成纤维，在纺织行业，人们通常称它们为“涤纶”、“腈纶”、“锦纶”和“丙纶”。对于少年朋友来说，这个纶，那个纶，大家可能都一时搞不懂，所以，在介绍纤维家族的时候，我们想以纤维的功能和特性来划分它们的种类。

一、防弹高手——“凯芙拉”纤维

说到防弹高手，科学家们叫它为凯芙拉纤维，我国称它为芳纶复合纤维，它是由多种化学物质溶合而成的。

为了认识防弹高手的真面目，请少年朋友们先阅读如下一则小故事：

这是一个炮火连天的战场。S国正在进行实弹演练。

“红军”数辆主战坦克正掩护着步兵，向“蓝军”阵地发起进攻。

“蓝军”反坦克分队奋起反击，一枚枚反坦克导弹像长了眼睛似的，准确地命中目标。然而，“红军”的坦克好像只轻轻地“挡”一下，仍然像着了魔似的，继续奋勇前进。

“蓝军”反坦克分队再次集结力量，进行反击，但是仍然无法阻挡“红军”坦克的攻势。“蓝军”阵脚大乱，溃退后撤。

“红军”坦克为何坚不可摧？原因何在？

后来，据“红军”指挥官披露，一种凯芙拉纤维材料在“红军”坦克上起了关键性作用。“红军”的坦克是由凯芙拉纤维织物与特种钢装甲结合研制而成的，因此坚不可摧。“红军”坦克之所以赢得胜利，奥秘就在这里。

反复试用表明，凯芙拉纤维具有重量轻、强度高、韧性好、耐高温、耐化学腐蚀、绝缘性好、易于纺织、易于机械加工和成型，优点一大堆，数也数不清。

凯芙拉纤维1965年诞生于美国，1972年投入工业生产。它的强

度为钢的 6 倍，重量却只有钢的六分之一。用 10 层凯芙拉纤维织物织成的防弹背心，重量仅为 750 克，穿在身上可以抵御轻机枪子弹的射击，柔软、重量轻、穿着舒适、行动方便，因此，很快就被世界上许多国家的军队所采用。1982 年，美国将 2.6 万件防弹衣发给快速特种部队试穿，1984 年又花费 2200 万美元购置了近 10 万件。美国还用 6 年时间，花费 250 万美元，研制成功了用凯芙拉纤维材料制作的钢性头盔。这种头盔仅重 1.45 千克，它的防弹性能比原来的标准钢盔提高了 33％。人们将凯芙拉纤维誉为防弹高手，真是名副其实。

二、冬暖夏凉的中空纤维

前两年，市场上流行一种中空滑雪衫。凡是有这种服装的人大都有这样的体会：冬天穿着它，一点也不觉得冷，给人以软绵绵、暖洋洋的感觉，舒服极了。原来，那是由于中空纤维保暖性强、比重轻、弹性好的缘故，因此很受消费者的欢迎。

大家知道，保暖性强的纤维，例如羊毛、木棉、羽绒等纤维内，都有空腔，特别是木棉，中空度高达70%左右。但是，一般的化学纤维往往是实心的，所以，保暖性就差多了。

那么，怎样才能使化学纤维变成中空结构呢？

当化学纤维呈熔体状态时，经特种狭缝喷丝板喷射，冷却后便可成为中空纤维。如果在喷丝板中装入微孔导管，在空腔中注入氮气，由于氮气的保暖性比空气更好，所以，充氮的中空纤维，保暖性更佳。它可以用来制作宇航员遨游太空的宇航服。

不久以前，国外还利用中空纤维制成一种“冷胀热缩”的新颖服装。由于在纤维空腔内充入了一种特殊的气体，外界气温比较低时，纤维充气膨胀，服装变得紧密而不透气，保温性好；相反，外界气温升高，纤维内的气体液化，纤维收缩，服装变薄，孔隙增加，透气性好，穿着凉快。这就是说，从外表看是一件薄薄的衣服，由于它能“冷胀热缩”，因此具有冬暖夏凉的神奇功能，冬天、夏天都可以穿，多方便啊！

三、变幻无穷的变色纤维

爱好生物的少年朋友或许知道，百花园里的蝴蝶色彩斑斓，变幻无穷，还会使人产生“视觉失误”。

现在，有时当你走在马路上，偶尔可见到穿着“迷彩服”的战士列队而过。而在每天早晨和傍晚，那些为银行押送运钞车的经济警察，也都个个头戴钢盔，身穿迷彩服。

谈到迷彩服，可以追溯到70多年以前。在第二次世界大战中，苏联昆虫学家什凡维奇从蝴蝶翅膀那儿得到启示，建议在飞机场、大炮阵地和军火库上，覆盖一层蝴蝶花纹的布料作为伪装。苏军部队的有关指挥官采纳了昆虫学家的建议，从而为迷惑德国军队、取得卫国战争的胜利立下了战功。

科学家们经研究后发现，荧光翼凤蝶的翅膀在阳光下会变幻色彩，时而金黄，时而翠绿，有时还会由紫变蓝。原来，在有些蝴蝶的翅膀上，有许许多多显色和不显色的鳞片，显色鳞片比不显色鳞片窄2微米左右，两者以0.7微米的间距，有规则地排列在翅膀上。当阳光照射到翅膀上时，这些鳞片对入射光会引起不同程度的反射、折射和交叠干涉，从而在人的眼中引起变幻无穷的色彩感觉。仿生学家根据蝴蝶翅膀色彩的变化，设计了一种变色纤维。

科学家们将两种受热收缩性不同的涤纶纤维和聚酯纤维混纺成

丝，得到一种扭曲的、扁平的断面纤维，再将这种纤维的扁平面垂直织在织物表面。当入射光照射到纤维上时，纤维就会像蝴蝶鳞片一样，对光产生不同程度的反射、折射和交叠干涉，让人看了眼花缭乱，扑朔迷离。这种变色纤维的织物不仅外观美丽，还有柔软蓬松的特点，穿在身上十分舒服。

变色纤维用在军事上，可做成伪装服。战士穿了这种伪装服，可以随地貌不同，交替变换成相应的颜色。在树林里，军装呈深绿色；来到草坡上，变成麻黄色；伏在野草未发的大地上，浑黄如土；走在青山绿水间，恰似玉树临风；在江河湖海上，却又与秋水长天共一色了。真是千变万化，变幻无穷。

至于谈到变色纤维的染色工艺和变化特点，它主要采用一种光色性染料来染色。光色性染料能随光而改变颜色。在一般情况下，染料处于稳定状态，受到某种色光照射后，就变成不稳定状态，色光变换时，又回复到原来的稳定状态。所以，变色纤维像变色龙那样，会随机应变，“随光变色”。而在民用方面，人们通常并不喜欢服装与环境浑然一色，所以，专家们正在研制另一种能延长不稳定状态的新型变色纤维。这种变色纤维受到一定色光照射后，新产生的颜色可以保持24小时。这样，就等于每天穿一件新衣服了。

四、烈火金刚——碳纤维和防燃纤维

在纤维家族中，有一位成员不怕高温，而另一位成员不怕火烤，所以，人们称它们为“烈火金刚”。

一位成员叫碳纤维。可别小看碳纤维，它是国防和航天工业的重要原料呢！20世纪60年代，日本科学家首先用聚丙烯纤维作原料制得了碳纤维。现在，碳纤维一般采用腈纶或粘胶原丝，经加热、高温化学处理后制得。

碳纤维的最大特点是强度高。在隔绝氧气的情况下，它的使用温度可高达1500～2000℃，温度越升高，它就越显“英雄本色”——坚强不屈，故有“烈火金刚”之美称。让我们介绍得具体一些吧！

在540℃时，碳纤维的抗拉强度为每平方毫米110～320千克；在1650℃时，它的抗拉强度反而达到180～600千克不但不减少，反而增加了。即使3000℃的高温中，碳纤维仍然能保持原来的状态。它的另一个特点是，比重远比各种金属轻，因而，碳纤维和金属、陶瓷熔合而成的复合材料，是制造宇宙飞船、火箭、导弹和高速飞机不可缺少的材料。在美国著名的“哥伦比亚”号航天飞机上，3个火箭推进器的关键部件——喷嘴，以及最先进的MX导弹的发射管，就是用碳纤

维复合材料制成的。

另一位“烈火金刚”的原名叫防燃纤维。大家知道，棉、毛、麻、丝，都经不起火烤。化学纤维熔点不高，也难以防燃。石棉纤维虽能防燃，但质地坚硬，穿着不舒服。碳纤维虽能防火，可成本高。一般的防燃服装，多数用防火的粘合剂、特种树脂等，喷涂在织物表面制成，虽然防燃效果不错，但衣服重量增加了好几倍，穿在身上简直是活受罪。

那么，怎样才能使人们如愿以偿呢？

为了使衣服不怕火，可以用防燃纤维来制作。所谓防燃纤维，是在化纤内部加入阻燃剂而制得的。例如，在普通涤纶中，可添加金属离子阻燃剂。用防燃化学纤维制成的服装，不仅像普通衣服一样轻盈柔软，就是碰上烈火也不会烧起来，这下可为具有特种需要的人们解除了后顾之忧。这种新颖防燃服装特别适宜于消防人员穿着。

五、球员福音——温变纤维和人工草皮

足球是一项对抗性很强的运动。当然，作为足球运动员，除了应该具有充沛的体力以外，个人的技巧也必不可少。但是，如果赛场安排在我国北方，时间为寒冷的12月或者1月，那么，作为南方球员，要为本队拼搏，困难就大多了。1997年，我国足球甲A联赛由于受到1998年足球世界杯外围赛的影响，有几轮比赛就是在12月份进行的。例如，上海申花对天津三星，就是如此，而且比赛是晚上7∶30才开始鸣哨。为了防止冻伤，申花队队员穿上了厚厚的球衣再加连裤袜。这样一来，队员的水平发挥就大受影响。要是有一种运动服装穿着轻

巧，而且它又能适应环境、气候的变化就好了。现在，温变纤维能满足人们的这一要求。

所谓温变纤维，是指可以随体温变化的纤维。它对温度非常敏感，也可以说是一种热反应纤维。运动员刚上场时，一般还感到有点冷，这时，纤维中的液滴会分解出气体，形成气泡，造成纤维膨胀，使织物孔眼关闭，变得蓬松，增强保暖能力。一会儿，由于激烈的拼抢，运动员的体表温度会迅速发生变化，这时，纤维中的气泡又变成液滴，纤维收缩，使织物孔眼张开，变得轻巧舒适。轻巧的服装能使运动员轻装上阵，尽情发挥各自的水平，使广大球迷也能看到一场高水平的精彩比赛。

对于足球运动员来说，寒冷是一种考验，下大雨就更不用说了。球迷小朋友大概多次见到过足球运动员一把汗水一把泥浆的情景：一个漂亮的飞身铲球，同时飞溅起一大片水花……

今后，要是在新建的上海 8 万人体育场观看足球比赛，就看不到那种画面了。这是因为，现代化的上海体育场，如茵的绿草是由人工草皮来代替的。

人工草皮，实际上是一种用化学纤维粘合而成的无纺布。它共分三层：表面层是用回弹性好的涤纶或氨纶胶合而成的薄丝绒，状如细软草地，松软而富有弹性；中间层是用改性丙纶做成的粘合布，丙纶有很好的渗水性，所以，即使是倾盆大雨，雨水也能透过表面层，再从丙纶粘合布淌渗到地下；最下层是高吸水纤维组成的排水材料。采用人工草皮的球场，即使大雨倾盆，也不会出现积水泥泞的情况，给现代体育运动带来不少方便。

温变纤维和人工草皮将给球员带来福音，这不是言过其实吧！

六、医用纤维

合成纤维的迅速发展，为体育、为军事、为人民的生活等各个方面作出了巨大的贡献。近年来的研究表明，许多新型化学纤维，可供医疗临床使用，它们甚至可以用作人工脏器的材料呢！

过去，伤口缝合线，不外乎是天然蛋白质纤维，如蚕丝线、羊毛线等，缺点是线表面不够光滑，强度差。经过化学处理的化纤缝合线，例如目前大量使用的医学锦纶长丝和涤纶带，就没有这种弊病。新型的缝合材料，已经不是线，也无须针缝，它是涤纶粘合布，使用时像贴橡皮膏那样贴到伤口处，就能起到缝合作用，十分简便，而且伤口愈合后疤痕很小。

值得一提的是，医用中空细芯纤维、微孔纤维、医用碳纤维、乙烯纤维和醋酸纤维等，还可作为制造人工脏器的材料。例如人工心脏瓣膜、人工腹膜、人造皮肤、人造血管等，在我国已开始使用，效果良好。人工肾脏是用中空纤维布料做成的，能替代病变的肾担任过滤血液的功能。用高弹性细芯中空纤维交织而成的人造血管等，对人体没有毒性，不受排斥。用碳纤维复合材料做成的人造骨代替真骨，经过 3 个多月，肌肉就会奇迹般地长在上面，肌腱功能复原如初。美国用一种特制的拉链代替传统的针线缝合法，这种拉链就是用聚乙烯纤维材料制成的，它透气性好，刀口感染率低，伤口愈合快。医学界认为，用拉链愈合法取代针线缝合法，是近 50 年来，外科手术领域取得的一项新成果。

介绍到这里，从人工草皮到医用纤维，纤维材料已经远远超出了衣着的范围，成为一类新型材料，将不断促进新技术的发展。

将纤维用于减肥，是否也是医学方面的一种创造？

减肥纤维是一种吸水后会膨胀的异形纤维。它是经过特殊加工而制成的超细纤维，即使在光学显微镜下，也难以看清它的直径大小。这种纤维的中间有微小的空隙，吸水可达自身重量的几百倍以上。减肥纤维一旦吸水膨胀以后，就形成钙状物质，且难以再将吸入的水分挤出。饭前或用餐时吃入这种纤维以后，它在胃中吸水膨胀，使人产生一种饱肚感，这样就可以减少饮食，防止肥胖。这种减肥纤维对人体无害，会随食物经过消化系统排出体外。

七、蜘丝蛋白

古今中外的民间故事，几乎都将蜘蛛描绘成长相丑陋的妖怪。其实，蜘蛛这一小小的八足生物，却是自然界最优秀的结网“工程师”哩！

大部分少年朋友，特别是生长在农村和小城镇的少年朋友，夏日晚饭以后，当你搬个小椅子在门口乘凉的时候，经常可见到蜘蛛在屋檐下结网的情景。从外表看，蜘蛛丝十分纤细，似乎有点弱不禁风，其实它却是惊人地坚韧。这是因为，构成蜘蛛丝蛋白质的材料与人指甲和鸟类羽毛蛋白质基本上是一致的。唯一不同点仅仅是其中氨基酸分子的排列顺序略有差异。

在材料学家心目中，蜘蛛丝的优点多着呢。从某种程度上讲，蜘蛛丝优于人们目前拥有的各种天然丝与人造丝。

首先，蜘蛛丝具有很高的强度和弹性。科学家发现，蜘蛛丝非常适合于制造防弹服，它耐受子弹冲击力的性能优于现有的防弹服纤维“凯芙拉”。由于蜘蛛丝具有惊人的强度和弹性，故可用于制造“人造肌腱”、“人造血管”、非过敏性手术缝合线等医疗用品。

其次，蜘蛛丝质地轻盈。因此，蜘蛛丝今后可望用于制造登山绳、救生索、绳梯、降落伞绳以及其他既需要坚韧性，又要求重量轻的特种绳索。

当然，尽管蜘蛛丝是一种非同寻常的蛋白纤维，但是，蜘蛛丝在生活习性上与蚕截然不同。蚕以桑叶为饲料，而蜘蛛却以捕捉小型昆虫为主食，故无法大规模饲养。所以，迄今为止，人们无法取得大批量的天然蜘蛛丝。

不久以前，科学家们依靠生物工程技术终于解决了人工生产蜘蛛丝这一高技术难题，具体方法如下：

先从蜘蛛体内分离出“负责”分泌丝蛋白的脱氧核糖核酸片段，然后将它融合进大肠杆菌的细胞核中。大家知道，大肠杆菌容易工业化培养，所以，人们可通过工厂生产带有蜘丝蛋白的大肠杆菌，尔后再从大肠杆菌中分离出蜘丝蛋白，最后经普通纺丝工艺，即可得到合格的人造蜘蛛丝。

八、超细纤维

少年朋友，当你和妈妈在双休日上街选购服装或面料时，你妈妈也许会喜欢纯棉、纯真丝等天然纤维织物的柔软、高雅和透气，但是，又因为它们洗后易皱而犹豫不决；你妈妈也许会喜欢仿真丝、仿麻等人造纤维织物的悬垂、免烫和飘逸，但是，又因为它们穿着不透气而踌躇不决。要是现在有一种织物既不皱又透气，你妈妈一定会爱不释手的。这种织物就是超细纤维织物[①]。

超细纤维的特性

近几年来，世界服装行业出现了全面追求轻便、舒适和美观大方的新潮流。但是，目前大多数化纤服装的舒适性比天然纤维差。为此，超细纤维、“仿真”化纤及其相关织物的开发得到了进一步的发展。超细纤维兼具天然纤维和人造纤维的双重特性，它比传统纤维细，所以比一般纤维更具蓬松和柔软的触感，而天然纤维的易皱、人造纤维的不透气等缺点，超细纤维均能克服。此外，超细纤维还具有保暖、不发霉、无虫蛀、质轻、防水、高重复性等优良特性。正因为它具有许多其他纤维无法取代的特性，所以，深受消费者喜爱，颇具市场潜力。

超细纤维的品种有：超细旦粘胶丝、超细旦锦纶丝、超细旦涤纶丝、超细旦丙纶丝等。制成产品主要可分为四大类：(1) 人工皮革类；(2) 擦拭布类；(3) 高密度织物；(4) 其他（包括过滤、保温、吸音、合成纸和医用材料）。它的应用范围很广，所以品种繁多。

---

① 超细纤维：又称超细旦，旦是纤维的纤度单位，1 克重 9000 米长的丝为 1 旦，蚕丝的纤度约 1.1 旦。

我国的试制情况与前景

过去，我国所需的超细纤维主要依靠进口。现在，技术难度较高的超细丙纶丝，我国也已自行试制，并用于服装开发。据有关资料报道，中国科学院化学研究所的科学家们，在 20 余年潜心研究的基础上，与中国纺织大学密切合作，于 1990 年共同推出了具有当时国际领先水平的超细旦丙纶长丝制造技术。用超细旦丙纶丝制成的织物，具有柔软、导湿、导汗、透气、快干、对人体无副作用等综合性能。人体出汗后不会产生穿棉织物时的“冰冷感”，改善了织物的舒适性和卫

生性，特别适合制作高档运动服和男、女内衣。

目前，我国已形成了由中科院化学研究所、中国纺织大学牵头的 20 多个企业组成的分布在近 10 个省市的产业化网络，开展了各种织物的试制开发工作，有的产品已进入批量生产。

由我国科学家和技术人员自主开发的超细旦丙纶长丝，为我国的化学纤维增添了一个具有广阔应用前景的新品种。随着纺织工业的重振雄风，将会有越来越多的超细纤维品种诞生，成为纺织工业明日之星。

第六章　合成橡胶及其他

“高分子材料”粗分起来，包括三大部分：一是塑料；二是合成纤维；三是合成橡胶。

前面我们介绍了塑料和合成纤维，本章将介绍有关合成橡胶、膜分离材料和吸水树脂方面的信息。

一、特种合成橡胶

在合成材料工业飞速发展的今天，作为三大高分子材料之一的合成橡胶，早已家喻户晓。这是因为，在人们的衣、食、住、行等方面，合成橡胶都留有它们的踪迹。最常见的是用合成橡胶制造的汽车轮胎。但是，对于合成橡胶中的一个重要组成部分——特种合成橡胶，少年朋友也许并不那么了解。

那么，特种合成橡胶的性能到底特殊在哪里？它们又有哪些特殊的用途呢？

“冷热不怕”的硅橡胶

在当今物质世界里，既不怕高热，又不怕低温的弹性材料并不多，而有许多部门偏偏十分需要这类特殊性能的材料。有关科学家告诉我们，硅橡胶就是一种冷、热都不怕的弹性体。

硅橡胶是一种以硅－氧－硅为主链的半无机高分子橡胶状弹性体。它的最大特点是具有宽广的温度使用范围，并具有其他一系列优异的性能，例如优良的电性能和生理惰性等。硅橡胶的最初品种是二甲基硅橡胶、甲基乙烯基硅橡胶。后来，随着合成和应用技术的提高，陆续出现了不少新品种。

硅橡胶的耐温范围非常宽广，可在250℃～300℃高温下长期使用，也可在－70℃～－100℃的低温下保持弹性，是橡胶中工作温度范围最广的。正是由于硅橡胶具有这一特性，加上它具有的其他优异性能，使硅橡胶的应用十分广泛。在80年代初，就有40％的硅橡胶用于电气和电子工业，主要用于制造电线电缆，用于电器设备的耐热绝缘，以及电子设备的包覆、灌注等。

在航空和航天工业上，硅橡胶的总用量达25％，主要用于机舱密封、保护罩、发动机的耐热、防冻软管、氧气面罩、导弹地下室门密封件等。硅橡胶的耐烧蚀性，又决定它可用作火箭燃油门、动力源电缆、火箭发射井盖涂层等。此外，在汽车和其他工业部门，硅橡胶的应用也很多。

硅橡胶的无味、无毒、生理惰性及耐老化的特性，使它特别适用于制造食品工业和医疗卫生用品。自80年代初开始，用于医疗卫生事业的硅橡胶越来越多。在过去，适宜于制造人体器官的材料并不多，但是，随着合成材料的发展和医学科学事业的进步，用人造的人体组织器官代替坏死的人体器官越来越多。在可代替人体器官的合成材料中，最为成功的是硅橡胶。

硅橡胶为什么能埋在人体内而具有人体器官的功能呢？

这是因为，硅橡胶具有生理惰性和耐老化性，而且人体对它的排异性小，因此可保证它们作为人体组织器官长期而安全地承担起机体

功能。硅橡胶用于人体内的有人造血管、人造瓣膜、人造心脏、人造关节等人造器官；在体外应用的有人工心肺机、人造肾脏、输血导管及其他各种导管，还可制作药用垫片、瓶塞、牙科材料等。

“刀枪不入”的氟橡胶

在本书第四章第六节，我们已经对聚四氟乙烯塑料作了介绍，它具有高度的耐热性及化学稳定性，它在420℃以上才被分解，盐酸、王水、沸腾的硝酸以及有机溶剂对它都不起作用。氟橡胶是氟碳高聚物家族的一个成员，可以说，是聚四氟乙烯的“兄弟”，因为聚四氟乙烯虽有以上特点，但在常温下缺乏弹性，而氟橡胶却弥补了这一不足，它既有耐高温、耐溶剂及耐化学试剂性，又有一定的弹性。

氟橡胶的特性之一是对化学试剂具有高度的抗耐性。一般高聚物对酸、碱类无机试剂有一定的抗耐性，但抵御不住强酸碱，特别是高热无机试剂和有机溶剂的进攻，但氟橡胶面对这些敌手却“毫无惧色”，甚至在150℃这样的较高温度下，这些试剂对它也毫无办法。一般高聚物“敬而远之”的有机溶剂，如烃、氯烃、酯、酚等，对氟橡胶也同样毫无办法。氟橡胶与这些试剂、溶剂“作战”时，不怕对方刀剑的“砍杀”，也不怕它们搞“钻心术”。因此，科学家们称氟橡胶为“刀枪不入”的材料。

氟橡胶的第二个特性是具有高熔融点和高抗热解性。一般高聚物遇到高热往往“筋松”、“骨散”，甚为化为灰烬。而氟橡胶与一般的高聚物不同，它可在－60℃～500℃的温度范围内使用，且仍能保持自己的特性。

氟橡胶的这些特性是由它的化学结构所决定的。其中主要的一点是橡胶中的碳－氟键的键能比普通高聚物的键能要大得多，而且氟橡胶中除了有基本链节外，还有使它保持一定弹性的链节。

氟橡胶的主要应用领域是军事工业、宇宙航行和化学工业。据有关专家统计，一架新型的飞机，需用13千克左右的氟橡胶。它们还被用来制造火箭、发动机以及其他机器设备上的密封垫圈、海绵胶密封带、气体泵和热空气用的薄膜、输送热液用的胶管，以及制造第一级和第二级火箭用的各种复杂的液压和风动系统零件。用氟橡胶制造的火箭衬里，既轻便、柔软，又坚韧、耐腐蚀，十分安全。此外，氟橡胶硫化胶可与金属粘合，为了制造耐热性极高的橡胶金属制品，就必须使用氟橡胶胶浆。氟橡胶在石油工业上的应用主要是制造与各种溶剂、流体接触的密封件。氟橡胶可保证设备在苛刻的使用条件下长期正常运行。

二、液体橡胶

橡胶与人类生活息息相关。许多生活用品，以及天上飞的地上跑的交通工具都离不开橡胶制品。我们上面所介绍的都是固体橡胶，它们的加工过程都很复杂，生产周期也很长。对生产工艺能不能作些简化呢？几十年来，科学家们一直在探索这一问题。于是，液体橡胶就应运而生了。

最早的液体橡胶出现于1943年，两位美国科学家首先发明了液体聚硫橡胶。接着，加利福尼亚理工学院的科学家又发明了液体聚氨酯橡胶。到了60年代，有位美国科学家又研制成功了“遥爪预聚弹性体”，使液体橡胶的物理机械性能有了大幅度的提高，从此，液体橡胶在许多领域得到了广泛的应用。

天然橡胶是分子量在35万～40万之间的一种高分子弹性体。但是，把液体橡胶浇入模型中，在100℃左右的温度下，它的分子链两

端就会迅速地增长，很快变成分子量几十万以上的弹性橡胶制品了。

人们利用液体橡胶耐高温、粘性好的特点，做火箭固体燃料推进剂的粘合剂。它还能把表面性质截然不同的材料粘合在一起，在氟塑料和金属之间也能进行有效的粘合。在桥梁的架设过程中，可以用液体橡胶来粘合桥身和桥墩。它的流动性特别好，人们还可用它来浇铸形状复杂的橡胶制品。

20世纪80年代初，国外就已用液体橡胶来浇铸运动场的橡胶跑

道。由于它弹性好，在这种跑道上比赛，有利于创造出好成绩。

70 年代末国外广泛使用的实心轮胎，也是用液体橡胶制成的。这种轮胎没有内胎，无须充气，负荷量是普通轮胎的两倍，而且耐磨性特别好，使用寿命可比一般轮胎长 10 倍。由液体橡胶制成的轮胎供巨型载重汽车使用最为合适。

液体橡胶的出现，给橡胶工业带来了巨大的变革。它利用现代化学新技术，把工人从繁重的体力劳动中解脱出来。随着化学工业的发展，各种新型液体橡胶制品将日新月异。

三、分离材料——功能膜

肾是人的主要排泄器官，有血管通入肾内。血液流过时，血内的水分和溶解在水里的物质被肾吸收，分解后形成尿，经输尿管输入膀胱，最后经过尿道排出体外。

过去，患了肾功能衰竭症的病人，几乎没有面不改色，心不跳的。因为这种病会很快发展成为尿毒症并导致死亡。现在好了，由于科学技术的发展，病人可以借助肾膜透析仪得到治疗或控制病情。

那么，肾膜透析仪是一种什么样的仪器呢?

肾膜透析仪是由功能膜制成的。膜器的形式为中空纤维式，膜的外面是透析液。当病人的血液缓缓通过膜时，血液中的有害物质因浓度之差在透析液中留了下来，而经过净化的血液再回入人体内。由于这一仪器能代替人的肾膜发挥作用，因此，人们称它为人工肾。

不过，人工肾仅仅是功能膜的一种应用，其他还有离子交换膜、气体分离膜、反渗透膜、渗透蒸发膜、模拟膜、酶膜等。现简单介绍如下。

离子交换膜 最早实现工业化应用的膜材料是离子交换膜，它包括阳离子交换膜、阴离子交换膜以及特种离子交换膜。经过 30 多年的努力，离子交换膜的应用范围逐渐扩大。自 80 年代末至今，离子交换膜的主要用途有以下几个方面：（1）浓缩海水制食盐、海水淡化、从废水中回收重金属和有机物、分离混合无机离子、分离混合有机酸或碱、液体食品的脱盐和脱酸等；（2）离子交换膜作为电解反应的隔膜，可用于食盐电解制碱等；（3）用作扩散渗透膜，能从废液中回收盐酸、硫酸、硝酸、氟硅酸等；（4）离子交换膜还可用作燃料电池及其他电池的隔膜等。

气体分离膜 另一类大规模应用的膜分离材料是气体分离膜。气体分离膜主要用于氢气与一氧化碳分离、氧气与氮气分离等。氧气与氮气分离膜可将空气中的氧富集到 35%～40%。这种富氧空气用于水泥生产和钢铁冶炼中，可节省燃料，提高产量、质量；用于造纸或选矿可代替某些氧化剂；在医疗中可用于气喘病人的辅助呼吸。

反渗透膜 反渗透膜是一类半透膜，它只容许小分子（如水分子）透过，而滞留大分子化合物。反渗透膜主要用于海水淡化、液体食品如果汁、糖浆、乳制品等的脱水浓缩以及废水的处理回收等方面。

渗透蒸发膜 渗透蒸发膜是 1982 年以后才迅速发展起来的一种膜分离材料。被分离物质有选择地先在膜表面溶解，然后经扩散透过膜层，最后在膜的另一侧减压汽化，从而达到分离纯化的目的。渗透蒸发技术可用于难分离体系，对共沸物（水与乙醇）的分离和沸点相近的混合物（苯与乙烷）的分离等非常有效。

模拟膜 模拟膜属于仿生化学的一个方面。大家知道，生物膜具有复杂的生理功能，例如它对无机离子的选择性透过、对有机物的主动转运和被动转运等。用化学方法合成的膜材料模拟这些功能，是研究模拟膜的努力方向。

酶膜 酶膜是兼有催化反应与分离两种功能的膜材料，适宜于制造连续操作的酶反应器。根据制备方法的不同，酶膜可分为两大类：

一类是将酶固定在多孔膜的表面，使酶反应在膜的表面进行，生成的产物通过膜孔到达另一侧，从而实现产物与反应物的分离。此类酶膜多用于纤维素水解为葡萄糖等。另一类酶膜是将酶包埋在两层膜之间，反应物从膜的一侧渗透到膜内发生反应，又从膜的另一侧排出。此类酶膜可用于小分子化合物的结构转化。

至于说到膜的材料，它主要是有机高分子材料，也有用无机高分子材料或用金属材料制备的。上面所介绍的这些膜分别具有分离、纯化、离子交换等基本功能，因此统称为功能膜，它是新材料领域中的一个重要分支。

与传统工艺相比，功能膜能耗低，效果好，节省资源，操作简便，装置结构紧凑，容易实现自动化生产和管理。例如，利用中空纤维膜分离法纯化一种抗生素，费用比旋转真空鼓式过滤法低58％；玻璃窑采用富氧膜产生的富氧空气后，可节油10％～15％。应用功能膜组件及其装置发展起来的膜技术，是世界上近20年来最有活力和最有成效的高新技术之一。

大家知道，饮水、果汁饮料、化妆品用水和医药用水都必须是无菌的，可见生产要求之高。过去，大都采用煮沸、通氯或加次氯酸钠和紫外灯照射等杀菌方法来制取。这些方法的缺点是能耗大，费用高，而且菌尸体仍然留在水中。通氯法不仅操作麻烦，而且水有异味。紫外灯法只能杀死部分细菌，有时只是将细菌暂时击昏，并未杀死。现在，只要选用孔径为0.004微米的超滤膜，就可以将大肠菌、霍乱菌和赤痢阿米巴菌及菌尸体完全去除。美国、日本等发达国家，在自来水龙头上装上一只小型过滤器，就可以直接饮用冷水，非常方便。近年来，我国市场上供应的纯水（又称蒸馏水或太空水），就是自来水经过反渗透膜处理，除去细菌后可以直接饮用的水。

功能膜在许多方面的应用都产生了显著的经济效益和社会效益，深受世界各国的普通重视。功能膜现已发展成为重要的产业，并且带动了其他高新技术及其产业的发展。

说起我国的功能膜发展，早在1958年就开始了。经过60多年的发展，由功能膜及其组件和装置构成的功能膜产业已获得了长足的进展。至90年代中期，我国从事膜研、生产的单位已达100多家。上海是我国功能膜技术开发最早的城市，现在是全国最大的功能膜生产基地。

四、吸水树脂

树脂是一种具有可塑性的高分子化合物的统称，它遇热会变软。所谓吸水树脂，就是一种能把水吸附并聚集在一起的树脂。

那么，吸水树脂有何妙用？不说不知道，一听到介绍，你一定将为它的本领所惊叹！

沙漠威胁着人类

20世纪80年代中期，在北京举办过一个“人与生物圈”展览。虽然已经三十余年过去了，但是展览向人们发出的警告，并没有过时——

展览告诉我们，八千年前，地中海一带的植被就被人们破坏；四千年前，中国开始大规模砍伐森林；五百年前，欧洲的森林被垦成农田；一百年前，北美的森林遭到厄运。现在，全世界每年有1100万公顷的潮湿热带森林被毁掉；地球过去曾经拥有16亿公顷的潮湿热带森林，1976年已减少到9.35亿公顷，2000年将只剩下6亿公顷了。

一个国家或地区的森林覆盖率达到30%以上，又分布均匀，才能基本上达到风调雨顺。这是因为，森林是绿色的水库，据研究，500万亩森林蓄水量相当于100万立方米的水库。它既能调节小气候，又能防止水土流失。一个国家和地区是这样，对全球来说，也是这样。由于森林不断地被破坏，取而代之的是沙漠的蔓延。现在，沙漠正以每年增加500万～700万公顷的速度，无情地吞噬着良田和牧场，肆虐的风沙一夜之间就可以掩没几千公顷土地。

沙漠已经威胁着人类。在这十分危急之际，一方面我们要保护好森林，另一方面我们要向沙漠讨回良田。

怎样讨回良田？经过科学家们的努力，人们终于找到了救兵——

无形的水库

在当代，人类已经意识到自己过去的无知造成了今天的危害。近几十年来，严禁滥伐森林，大力植树造林已是世界上所有国家的一致行动。据联合国有关组织 90 年代初统计，全世界的森林覆盖率（森林面积在陆地总面积中所占的比例）平均为 22%。森林覆盖率最高的是圭亚那，为 97%；其次是芬兰，为 71%；日本为 68%；瑞典为 53.4%。世界年造林量平均最高的是芬兰，每人为 260 平方米。许多国家还十分重视“都市林业”，并把树木作为绿色的卫士。按人口平均计算所占有的绿地面积，波兰华沙为 73.5 平方米，澳大利亚堪培拉 70.5 平方米，美国华盛顿 40.8 平方米，前苏联莫斯科 37 平方米，法国巴黎 24.7 平方米。以堪培拉为例，半个世纪以前，那儿是一大片牧场，现在已建成花木成丛，四季常绿，空气新鲜，水源丰富，具有田园风光的花园城市。

在大力开展植树造林的同时，人类也在利用自己的智慧，改造沙漠，改造大自然——

地理学家告诉我们：世界气候以干湿度来划分，可分为湿润、半湿润、半干旱和干旱四种类型。干旱气候分布着荒漠植被；半干旱气候主要分布草原植被；半干旱气体向干旱气候过渡分布着半荒漠植被；半湿润向半干旱气候过渡分布着森林草原植被；半湿润气候分布着具有一定旱性特征的森林植被；湿润气候则分布着森林植被。

显而易见，沙漠之所以不能生长植物，主要原因就是干旱缺水。20 世纪 70 年代，美国农业部北方研究中心，出于改沙漠为农田的设想，制定了研究计划，首先开发了高吸水性树脂。这种树脂一改普通树脂憎水的特性，可以把周围的水吸附住，受热以后又能缓慢地释放出这些水分。更令人惊叹的是，吸水树脂的吸水能力很强，最初研制出来的吸水树脂能够吸附自身重量 200 倍的水，而当今最多的可以吸附 5000 倍以上。

美国高分子化学家、诺贝尔奖获得者弗洛里教授，对吸水树脂进行了潜心的研究后发现，吸水树脂的结构像一张大网，它是由许多长链高分子连接起来的。这张网上含有许多亲水“物质”，它们一遇到水，就会十分迅速地把它吸附住。有关科学家告诉我们，高分子的链很长，通常情况下，它们都是蜷曲起来的，因此，这样的长链所结成的网一旦伸展开来，可以扩大许多倍。也就是说，水可以源源不断地被吸附在网中，直到分子链被几乎拉直为止。这就是为什么吸水树脂能够吸附这样多的水的缘故。而当树脂被加热时，水分子的运动变得异常剧烈，最后冲破网的束缚而蒸发出去，树脂的分子结构又渐渐恢复成原状。所以，吸水树脂可以重复使用。

利用吸水树脂的这一特性，人们在干旱的荒漠（荒地和沙漠的简称）上用它建起了无形的水库。于是，树木得以不断吸取到水分，荒漠终将重新变为绿洲。

吸水树脂的其他妙用

20世纪80年代初至80年代中期，是吸水树脂崭露头角的时期，在这一时期，它的产量大幅度增加。当时的日本三洋化学公司投入巨资，从美国引进生产线，使日本生产的吸水树脂达到世界总产量的二分之一。

日本没有沙漠，该国生产吸水树脂干什么？其实，头脑活络的厂商老板早已为它找好出路——

首先是婴儿、妇女和病人使用的卫生用品。实际使用表明，吸水树脂不但能够吸水，而且还可以吸收尿和血。这样，吸水树脂就给整个卫生用品市场带来了一股新浪潮：含有“高分子”的婴儿一次性尿布、妇女卫生巾、病人用的床垫尿垫等，又轻又软又有很好的吸收效果，立刻成为受欢迎的产品，并且日益取代老式的卫生用品，给人们带来的是清洁、舒适、方便和卫生。

其次，吸水树脂已广泛应用于工业领域。它除了作为干燥剂和脱水剂外，还有许多奇妙的用途。例如“膨胀橡胶”，是最新研制成功的地下防水材料。在这种橡胶中，含有高吸水性的树脂，遇水后体积膨胀，用它来堵塞漏水的缝隙，效果十分显著。这是因为，哪儿漏水厉害，哪儿橡胶就膨胀得厉害，密封性能也就越好，真可谓是“以水治水”。又如海底电缆，尽管它有很厚的保护层，但难免有被鱼类咬破之处。为此，人们在保护层下面设置了一层吸水树脂，一旦漏水，吸水树脂就能立刻吸附水分并堵塞漏洞。

第七章 21世纪的材料

古往今来，人类一直努力地创造着新产品，并无休止地寻找所需要的材料：从石头、骨头、木材扩大到粘土、钢和20世纪的宠儿——塑料。每一种新材料无不使人们的日常生活发生巨大的变化。

在丰富多彩、千姿百态的物质世界中，琳琅满目的材料何止万千！那么，在21世纪，人类将希望使用什么样的材料？有关专家作了如下预测。

一、智能材料出奇迹

1992年9月22日，美国阿拉巴马州铁路桥突然崩塌；90年代中期，韩国首尔有一座大型公路桥也出现同样事故……由此使人们担心，世界上的其他桥梁是不是哪一天也会突然崩塌呢？人们的这种担心并非多余，这是因为——

材料有一定的耐用期限

桥梁无论是由何种材料建成的，它都有一定的使用年限。但是，所有桥梁的使用年限未必都相同。正如预料人的寿命一样，人们无法

精确预测某一座桥的使用年限。如果把还能使用的桥梁毁了去造新的桥，那样做固然保险，但却未免太可惜。假如确信还能使用，说不定某一天却突然损坏，这样就将造成无法挽救的惨祸。因此，无论如何得有一个好办法，以便来检查、确定某座桥是可以使用呢，还是不久就要损坏。

1985 年 8 月，由日本羽田机场飞往大阪的一架大型客机在群马县某山麓坠毁。后经查明，事故原因系由于由飞机后部隔板上裂缝泄漏的空气造成的冲击波把尾翼刮跑所引起的。那么，为什么事先没有发现这个裂缝呢？要是世界上的一些桥梁也存在着没有发现的裂缝而一旦发生崩塌呢？每念至此，不禁令人们不寒而栗。科学技术发展到今天，连这等重要的事都不能应付，着实叫人担心。

要是材料也能感觉“疲劳”

与桥梁或飞机的材料相比，构成我们人体的物质无论是强度，还是耐久性都要低得多。不过，尽管如此，人的寿命却还是相当长。这是因为，人能够自己判明“已经疲劳”，通过休息使体力得到恢复。如果桥梁或飞机也能发出“疲劳了，似乎马上就要损坏了”的某种信号，人们便可有针对性地进行修理或更换零部件。假如要到发生致命性破坏时才发出信号，那就太晚了。尽管同样是“诊断”，但后者却已成了“死亡诊断”。诊断绝对必须在有效期间进行，即必须是“健康诊断”。

即使是健康诊断，通常也必须注意，否则，也有由于进行诊断反而损伤健康的；如果诊断过分复杂，必然导致费用过高，没有实用意义。这样的话，就看不出诊断有什么好处了。以桥梁来说，可以在似乎即将损坏的地方配备“信号”传感器，人们一旦得到“信号”，就先对该处进行加固；但是遇到不知道哪儿会损坏的情况，就必须到处配备传感器，这样传感器的费用甚至可能超过桥的造价。这样的诊断就毫无意义了。

材料具有自我意识

据材料学家预测，要不了多久，“智能”飞机的机翼可以像鱼尾一样自己弯曲，自动改变形状，从而改进升力和阻力。桥梁和电线杆在快要断裂时，自己可以感觉到，它们会发出报警信号，然后自动加固自身的构造。空调机可以抑制自身震动。轮胎需要充气时，会礼貌地通知司机。具有自我调节功能的汽车悬架，可以识别路面的变化，并相应改善自己的刚度……以上仅仅是“智能材料”将要产生的技术奇迹的一部分。

美国马里兰大学智能材料和结构研究中心的科学家告诉我们，专家们着手的第一件事，是研制能对桥梁、建筑物和飞机机体等人类生活中造价高昂的物体结构受到的破坏发出早期警报的系统。例如，科学家们把光纤作为桥梁的变形测定器——具有检测作用的纤维与喷管一起使用，这些喷管会把环氧树脂等加固材料直接喷到发现裂缝的地方。

许多科学家相信，在今后 25 年内，智能结构能大大改变飞机的形状。飞机将具有能在飞行过程中改变自己形状的控制系统，以避免惨祸的发生。

二、超导材料的现状与前景

一般材料根据它们电阻的大小，可粗分为导体、半导体、绝缘体三大类。所谓超导，是指金属或氧化物当它们的温度降到某一值时，它的电阻突然消失为零，这就称之为超导。下面向少年朋友们简单介绍一下“超导现象”和“超导材料”。

浅谈超导现象

少年朋友都知道，金属在一般情况下总是有电阻的，比如铜啦、铝啦、铁啦等等，把它们做成导线以后，只要用万能表一量，就可以知道它们的电阻是多少。据有关专家估计，在当今的输电线路上，因为电阻而损失的电能为20%左右。这简直是一种无谓的浪费。

要是导体没有电阻该有多好啊！这是人们长期以来梦寐以求的愿望。

一般说来，导体的电阻是随着温度的改变而改变的。金属的电阻随着温度的升高而增大。一般金属导体温度变化几度或几十度，电阻值变化不过百分之几，常可忽略不计。

1908 年，荷兰物理学家卡曼林·昂尼斯制成了几滴无色的液态氦。这种液态氦的沸点为－269℃，仅比绝对温度高 4.2 度。

在此基础上，昂尼斯就开始研究在极低温度下金属的导电性能。在 3 年以后的 1911 年，惊人的事情出现了。昂尼斯做了这样一个实验：为了测量在各种温度下水银的导电能力，他把水银冷却到－40℃

以下，凝固成一条水银导线。然后继续降温，水银的电阻逐渐减小。当温度降到－269.3℃时，电阻竟完全消失了。这时候撤去电源，电流在和外界隔绝的闭合电路中，仍然循环流动不止。这种效应当时简直无法解释。

昂尼斯又多次重复做这个实验，电阻都完全消失了。谁都知道，假如没有电阻，也就意味着没有电能的损耗。正像宇宙卫星一旦脱离地球的引力之后就会永远围绕着地球运转一样，如果使冻成固体的水银环的温度保持在低于－269.3℃的话，那么，沿水银环流动的电流就会不停地永远流动下去。

这一电阻突然消失的现象，引起了科学家们的极大重视。他们把这一现象叫做超导现象，处于超导状态的物体叫做超导体。

超导材料的崛起

100多年来，随着科学的发展，现在已经知道除水银以外，钒、锌、铟、钽等20多种金属和上千种合金及化合物，在非常低的温度下，都具有超导的特性。这样许多超导金属的发现，促使超导这门新兴技术得到了飞速的发展。

20世纪90年代初，由于研制成功了含有稀土元素的新型超导体，使超异研究有了新的突破，出现了一系列低温和常温下的超导物质，进一步的研究将是如何获得在常温下人类生产和生活中可以应用的性能稳定的超导材料。

超导材料应用的社会效益和经济效益，首先将表现在大功率远距离输电方面。前面我们已经谈到，目前全世界仅在电力输送上，由于线路电阻而消耗的电能为全世界总发电量的20%左右，如果利用超导材料制成新型输电线材，那么，必将节省大量的电能损耗，对促进社会、经济的发展，发挥十分巨大的作用。

利用超导线圈储能是超导材料的又一大作用。据有关专家估算，超导线圈的储能效果是通常水冷铜导线线圈储能的100倍～1000倍，而超导线圈本身并无电能损耗，只需消耗一定的制冷功率即可。对此，有位美国科学家已经实验成功。这一实验给人们很大的启示：在日常生活中，白天和傍晚，人们用电总是最多的，而到了深夜，电就用得少了。要是有一个很大的电力“仓库”，能及时地把多余的电能储存起来，到了急需时再放出来，那该有多好啊！

于是，科学家们提出了超导线圈储能的设想——

在地下很深的地方，挖一个直径有100多米，上中下分三层的大坑，里面充满着超低温的液态氦气，把超导金属做成的线圈浸没在里面，这就做成了超导储能装置。要是平时有多余的电能，就可以存到超导线圈里面去，需要时随时都可以拿出来使用。由于它没有电阻的损耗，还可以长期地保存下去。有关科学家估计，到那时，世界上将出现可储存100万度电的超导设备，人们就再也不要为用电的不平衡而烦恼了。

超导材料的应用还可以举出不少例子：

利用超导材料，可大大提高电路集成密度，使亿次计算机微型化；可使发电机和电动机小型化；可取代笨重的机械驱动轴而减少材料和能源的消耗，大大提高生产效率；可制成时速500千米以上的超导磁悬浮列车。

随着高速公路的建成，汽车的速度大大超过了火车。为此，铁路部门在不少路段采取了提速措施。尽管如此，火车还是比汽车要慢得多。以上海至南京为例，汽车走高速公路只需两个半小时，而最快的火车也需要2小时48分，这还不包括进站候车和两头乘汽车（或称送站和接站）的时间。

“火车最快的速度可以达到多少千米呢？”这是目前人们经常提出的问题。根据科学计算，现在普通的火车，最高时速不会超过350千米。要是想进一步提速，就必须把轮子和铁轨的摩擦力减得更小，最好是把火车的轮子拿掉。

“轮子拿掉后火车怎么行走呢？”

人们从飞机那儿得到启发。飞机起飞时，先在跑道上滑行。坐过飞机的小朋友都知道，飞机滑行相当一段距离以后，就在跑道的远端少许停顿一下，仿佛像人似地“拼”一口气，便一鼓作气腾空而起，直刺蓝天。这时，坐在机翼后部的小朋友，要是你坐在窗口，便能发现飞机的轮子（通常称它为起落架）慢慢地收起来，藏在机翼里边。飞机因为没有轮子，阻力就比较小。

我们能不能把火车也腾空起来呢？当然，这需要巨大的浮力。但是，超导技术却能够给我们这种帮助。20世纪80年代后期，人们在实验中将超导线圈装上了火车，通进少量的电能后获得了相当强的磁场。随着火车一开动，轨道上就产生出了另一个磁场，两个磁场互相排斥，结果火车竟然浮了起来，高出轨道几厘米！在电动机的拖动下，火车飞速前进，时速可以达到 550 千米。这种火车就叫做超导磁悬浮列车。90 年代初，又有人提出，要是超导磁悬浮列车在真空的地下铁道里行驶，那末，它的速度可以达到每小时 22500 千米。这一速度将把飞机远远抛在后面。

更引人注意的是，利用超导材料可能解决核聚变所产生的强大磁场这一难题，进而使受控热核反应作为造福人类的巨大能源成为现实。

三、小尺寸世界——纳米技术

纳米，是一个长度单位的译音。1 纳米是 1 米的十亿分之一——只有一个中等大小原子直径的十几倍。一个基本的碳纳米管的直径只有 1.4 纳米。顾名思义，纳米科学与技术的研究对象，是小尺寸世界。

跨世纪的新科技——纳米科技

在纳米科技这个小小的世界中，却包含着广宽的内容：纳米材料定义的尺寸为0.1纳米～100纳米；纳米动力学，它的潜在应用是研制微型机器人和微型电机；纳米电子学，则包括量子效应的纳米电子器件和纳米结构的光学性质，以及原子操纵和原子组装；限于以分子为它的结构并以细胞形式出现的功能器件。

美国自1991年起把纳米技术列入“政府关键技术”，国防部每年为此拨款3500万美元；日本从1995年开始实施为期10年纳米技术研究计划，并将它作为必须开发的四大基础科学技术项目之一；澳大利亚于1993年已将纳米技术列为21世纪最优先开发的项目。

欧洲联盟的一项研究报告指出，10年以内，纳米技术的开发将成为仅次于芯片制造的世界第二大制造业。20世纪90年代中后期，微电机技术已能在一块硅晶片上放置100万个微型机器，每台机器都有电子控制系统。一种初级微电子技术在美国、日本和德国已得到广泛的应用。数百万辆汽车安装了一根头发丝那么细的传感器——传动装置，只要一旦受到撞击，它便能立即释放出气囊，以保障司机的生命安全。此外，科学家们已制造出能区分氟原子和氢原子的分子探针；用微型机器人做血管吻接手术等。纳米科学和技术将把人类带入21世纪的又一个梦幻世界。

微机械的身世

当今人们对于万吨巨轮、航天飞机这些庞然大物，似乎已习以为常，不足为奇了。但是，你可知道，科学家和工程师们除了还在研制更庞大的机器以外，同时正在利用纳米技术，制造尺寸越来越小的机器。科学家们将这些越来越小的机器称为微机械。

那么，微机械是怎样制造出来的呢？少年朋友大约都知道，通常的机械零件是应用车、钻、铣、刨、磨等机床，逐个加工而成。然而，微机械却是采用微电子技术，特别是集成电路平面制造工艺，实现三维（具有长、宽、高三种度量）加工，成批地甚至整体地把微机械零件加工出来。特别要说明的是，微机械所用的材料，不是钢铁或有色金属，而是硅材料。人们巧妙地利用了硅材料的极优良的力学性质、各向同性和各向异性的化学腐蚀性质，采用集成电路平面技术、薄膜技术和微焊接技术等，做出各种特殊形状的硅材料部件，如阀门、齿轮、连杆、电机转子、定子等。它们的尺寸只有几十到几百微米，它们的形状只有在显微镜下才能看得清楚，而加工精度却很高，可精确到 0.1 微米～0.5 微米。与宏观机械加工相比，微机械加工技术可实现高产量、高精度、动作缓和无噪音，所用材料极少，而且可采用贵重优质材料，以实现高性能。因此，很明显，微机械技术是随着微电子技术发展而迅速崛起的一门综合性的高技术。微机械虽然体积极其微小，但却“五脏俱全”。它既有大脑（计算机和控制器），又有手脚（传感器与驱动器）和电源，它是一个将上述构件集成在极其微小体积范围内的机电一体化系统。也就是说，它是机、电、磁、光、化学、

计算机、自动控制、传感技术与信息处理等多种技术综合或融合的产物。

微机械神通广大

微机械的个头虽然很小很小，但是，它却能完成人们通常无法从事的工作。例如，有一种小如跳蚤的微型机械，能自由地经门缝而出入居室。假如将它送进人的动脉，它前端那极其精细的微型手术刀，能按照人的指令，切除血管壁上的脂肪，排除血栓，分拣细胞，铲除肿瘤等。微机械还可以进入人们无法进入的机器和核反应堆内，检修和排除故障，而不必拆卸待修的机器。在军事上，它可以像蚊子一样穿堂入室，窃取机密情报而不被人发现；或者像臭虫一样，潜伏在缝隙中监视敌人的行动等。这一切，神奇得使人难以相信。有的正在设想之中，有的已经成为现实。总之，未来的微机械，就像微型机器人一样，可以完成大型机械难以完成的各类特殊而复杂的任务。

正如计算机由于晶体管和集成电路的发明，使计算机的体积越来越小，智能化程度越来越高一样，微机械的问世，它的意义也十分重大。

微机械的现状与前景

有的少年朋友可能会问：“究竟微小到何种程度的机械才能称作微机械？”

在这一方面，世界各国目前还没有统一的标准。不过，可以肯定，用传统机械加工方法是不可能做出微机械的。当前，微机械的整体器件一般在几毫米以下，而它的元件则在几百微米以下。国外对微机械的基本尺寸大概作了这样三层划分：小于 1 毫米到 100 毫米的，称为小型机械；小于 10 微米到 1 毫米的，称为微型机械；小于 10 钠米到 10 微米的，称为超微型机械。国外发展微机械，从小型机械到超微型机械，已有 10 多年的历史，其中走在最前沿的有美国、日本和德国。以美、日、德为先导开展的基础研究和产品开发，在 80 年代末期引起了国际上的普遍重视。我国开展微机械技术研究始于 90 年代初期，可以体现这方面研究进展的是中国科学院上海冶金研究所研制的微型马达，旋转速度已达每分钟 100 多转。

谈到微机械，美国科学家克里斯·皮斯特不乏风趣地说："我不在意客人参观我的实验室，只要来客遵守实验室的规定：不要踩那些形似昆虫或者像昆虫一样在地上爬来爬去的小东西——因为这些小东西很可能不是昆虫。"

据皮斯特称，他将利用几个月时间，将那些微型铰链、齿轮和发动机组装成一只蚂蚁大小的人造昆虫。这位科学家自豪地说："我们就要成功了，我 10 年来关于微机械的全部梦想即将成为现实。"

在当今世界上，研究、探索微机械的队伍十分庞大。皮斯特仅仅只是全世界成千上万潜心研究微机械的科学家和工程师中的一位。这些科学家坚信，微机械不仅是诱人的，而且是未来科学技术发展的趋势。日本已用极微小的部件组装成一辆只有米粒大小、能够运转的汽车；与此同时，一些公立和私立实验室的工程师们制成了直径只有一两个毫米的静电发动机；体积只有常规机器的万分之一、能够运转的车床。德国工程师制成了只有黄蜂大小并能够升空的直升机、肉眼几乎看不见的发动机……还有的科学家说："我们有必要像控制牛和马那样控制昆虫。既然我们不能控制真正的昆虫，我们就应该制造一种人造昆虫，以便让这些昆虫对温室里的花进行人工授粉并杀死吃庄稼的害虫。"

据科学家们预言，我们正在走向另一场革命，这场革命与 18 世纪的工业革命相当。各国领导人没有忽视这种潜力。日本为一个为期 10 年、耗资 2.25 亿美元、有 26 家公司参加的微机械研究项目提供资助；德国联邦政府则每年拿出 6500 万美元支持微机械研究；美国国防部通过高级研究项目局每年拨出 3500 万美元用于微机械研究。

德国科学家相信，那种只有削尖了的铅笔头大小、每分钟转速高达 10 万转的发动机最终将推动电子显示器、手表、摄录机和激光扫描器的发展。据说，这种发动机最早可能用于显微手术仪器。美国科学家皮斯特也看到了他的人造蚂蚁的发展前景。他说："我看到了未来的微机械工厂，这些微机械在不停地为我们制造电子产品。"他指出，目前的民用电子产品中的微小部件往往还是手工组装的，因为目前的自动设备还不能完成这类工作。他说："这对于我的人造昆虫来说，则是轻而易举的事情。"

正如前面提到的那样，微机械在医学领域具有广阔的应用前景。

各国科学家乐观地认为，纳米技术将为人类制造美好的未来。